3 月	4 月	5 月	6 月	7 月	8 月	9 月	10 月	11 月	12 月	1 月	2 月

蓝菊"春日童话" ▶P.92

蜜蜡花 ▶P.92

糠米百合 ▶P.93

山蚕缀 ▶P.93

羽扇豆"精灵之悦" ▶P.91

翠雀"欢呼蓝" ▶P.20

脐果草"星空之眼" ▶P.92

沼沫花 ▶P.93

楔叶脐果草 ▶P.93

球吉莉 ▶P.96

三色鸟眼花 ▶P.96

福禄考"焦糖布丁" ▶P.101

婆婆纳"梅莎夫人" ▶P.89

杂交矮牵牛 ▶P.104

老鹳草"比尔·沃利斯" ▶P.111

微型月季 ▶P.113

紫叶稠李"贝利精品" ▶

灰叶稠李 ▶P.87

涩石楠 ▶P.111
花朵

涩石楠 ▶P.111
果实

加拿大唐棣 ▶P.87
花朵　　果实

朝鲜白头翁 ▶P.92

蓝铃花 ▶P.93

银扇草 ▶P.93

路边青"迈泰" ▶P.95

U0280436

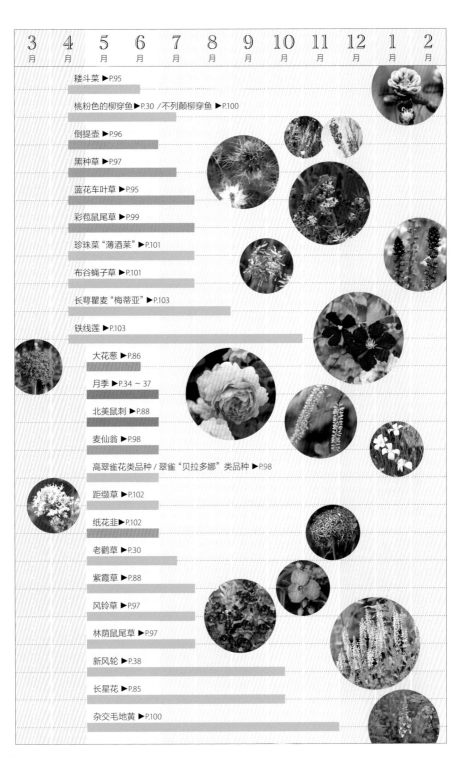

3月	4月	5月	6月	7月	8月	9月	10月	11月	12月	1月	2月

耧斗菜 ▶P.95

桃粉色的柳穿鱼 ▶P.30／不列颠柳穿鱼 ▶P.100

倒提壶 ▶P.96

黑种草 ▶P.97

蓝花车叶草 ▶P.95

彩苞鼠尾草 ▶P.99

珍珠菜"薄酒莱" ▶P.101

布谷蝇子草 ▶P.101

长萼瞿麦"梅蒂亚" ▶P.103

铁线莲 ▶P.103

大花葱 ▶P.86

月季 ▶P.34～37

北美鼠刺 ▶P.88

麦仙翁 ▶P.98

高翠雀花类品种／翠雀"贝拉多娜"类品种 ▶P.98

距缬草 ▶P.102

纸花韭 ▶P.102

老鹳草 ▶P.30

紫霞草 ▶P.88

风铃草 ▶P.97

林荫鼠尾草 ▶P.97

新风轮 ▶P.38

长星花 ▶P.85

杂交毛地黄 ▶P.100

3 月	4 月	5 月	6 月	7 月	8 月	9 月	10 月	11 月	12 月	1 月	2 月

长春花 ▶P.107

千日红 "爱爱爱" ▶P.107

迷你长春花 ▶P.110

千日红 "QIS 胭脂红" ▶P.111

鬼针草 ▶P.115

黑韭 ▶P.98

毛蕊花 "南方魅力" ▶P.99

芒颖大麦草 ▶P.99

黄花毛地黄 ▶P.100

山梅花 "美丽的星星" ▶P.88

星芒松虫草 "鼓槌" ▶P.97

虞美人 ▶P.99

澳洲鼓槌菊 ▶P.31

薯 ▶P.104

烟草（观赏植物）▶P.104

火红萼距花 ▶P.44

鞘蕊花 ▶P.106

叶片

山丹 ▶P.101

透百合 ▶P.101

圆头大花葱 ▶P.103

乔木绣球 "安娜贝尔" ▶P.101

宿根福禄考 ▶P.107

蛇鞭菊 ▶P.105

绣球 "雾岛之惠" ▶P.88

5

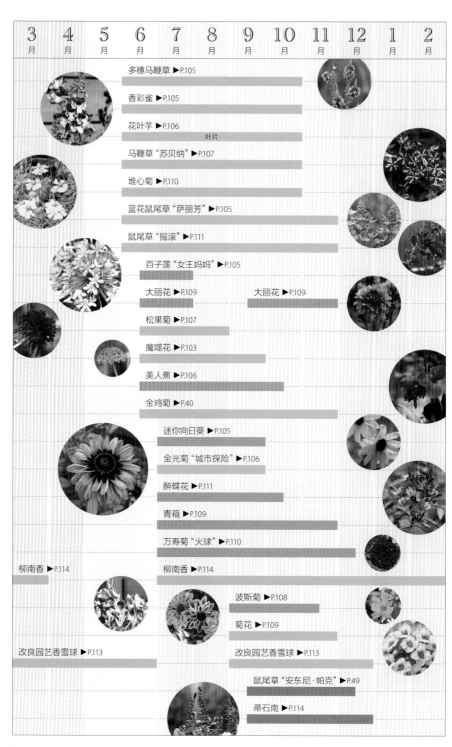

| 3月 | 4月 | 5月 | 6月 | 7月 | 8月 | 9月 | 10月 | 11月 | 12月 | 1月 | 2月 |

多穗马鞭草 ▶P.105

香彩雀 ▶P.105

花叶芋 ▶P.106

叶片

马鞭草"苏贝纳" ▶P.107

堆心菊 ▶P.110

蓝花鼠尾草"萨丽芳" ▶P.105

鼠尾草"摇滚" ▶P.111

百子莲"女王妈妈" ▶P.105

大丽花 ▶P.109   大丽花 ▶P.109

松果菊 ▶P.107

魔噬花 ▶P.103

美人蕉 ▶P.106

金鸡菊 ▶P.40

迷你向日葵 ▶P.105

金光菊"城市探险" ▶P.106

醉蝶花 ▶P.111

青葙 ▶P.109

万寿菊"火球" ▶P.110

柳南香 ▶P.114   柳南香 ▶P.114

波斯菊 ▶P.108

菊花 ▶P.109

改良园艺香雪球 ▶P.113   改良园艺香雪球 ▶P.113

鼠尾草"安东尼·帕克" ▶P.49

帚石南 ▶P.114

3月	4月	5月	6月	7月	8月	9月	10月	11月	12月	1月	2月

月季 ▶P.109

龙面花 ▶P.115

龙面花 ▶P.115

珊瑚樱 ▶P.110
果实

原种仙客来 ▶P.108
（小花仙客来 ▶P.15）

原种仙客来 ▶P.108
（常春藤叶仙客来 ▶P.53）（小花仙客来 ▶P.15）

羽衣甘蓝"闪耀白" ▶P.112
叶片

羽衣甘蓝"闪耀白" ▶P.112
叶片

尖叶白珠 ▶P.114
果实

尖叶白珠 ▶P.114
果实

日本茵芋"风疹" ▶P.114
花蕾

日本茵芋"风疹" ▶P.114
花蕾

三色堇 ▶P.113

三色堇 ▶P.113

蓝盆花"蓝气球" ▶P.115

蓝盆花"蓝气球" ▶P.115

纳丽花 ▶P.111

园艺仙客来 ▶P.114

园艺仙客来 ▶P.114

紫罗兰 ▶P.115

紫罗兰 ▶P.115

欧石南"白色喜悦" ▶P.114

欧石南"白色喜悦" ▶P.114

金鱼草"双生" ▶P.115

金鱼草"双生" ▶P.115

柳穿鱼"虹鳉" ▶P.13

柳穿鱼"虹鳉" ▶P.13

水仙 ▶P.86
中生种　　　　晚生种

水仙 ▶P.86
早生种

黑铁筷子 ▶P.113

金盏花"金发美人" ▶P.115

金盏花"金发美人" ▶P.115

铁筷子 ▶P.90

铁筷子 ▶P.90

围裙水仙 ▶P.90

围裙水仙 ▶P.90

雪滴花 ▶P.91

雪滴花 ▶P.91

骨子菊 ▶P.91

骨子菊 ▶P.91

报春花"温蒂" ▶P.91

报春花"温蒂" ▶P.91

番红花 ▶P.91

番红花 ▶P.91

目录

四季花开的庭院

日本鸟取县的米子市有一家诊所，它位于鲜花日日绽放的庭院里。
对病人和平日工作繁忙的医护人员来说，
这是一片治愈心灵的地方。
这座开放式的花园，无论是在候诊室还是在诊察室，
透过每一扇窗户都能看到鲜花盛开的景色。
是庭院的主人面谷瞳和园艺师安酸友昭合力打造出了
"365 天开花不停歇的美丽庭院"。
他们邀您共享季节的乐趣，为您带来大量的园艺窍门。

第 1 章借用不同季节的庭院风景，
来介绍庭院一年的变化。
这些风景都是日常养护的成果。
从第 121 页开始，
本书将通过 12 个月的庭院园艺工作来解说植物养护方法。
即便庭院的大小和条件不同，
园艺也始终是一项充满创造性的手工活，
需要靠您的双手去创造美丽的风景。
发挥想象力与创造力，
用您的双手改造窗外的景色吧。
开始栽培植物后，每天不断变化的草花，
将带您感受日常的美好。

365 天开满花的
庭院俯瞰图

庭院呈"コ"形围着建筑。这里以向阳处、半背阴处、庭院小径、狭小花坛等不同环境下的区域为例，为您介绍让庭院一年四季都开出美丽花朵的诀窍。

狭小花坛

半背阴处

公共道路（生活道路）

建筑物

庭院小径

向阳处

玄关

花园房

红砖花坛

北
西 东
南

公共道路（县道）

向阳处

建筑物的南侧 ▶P.20

此处一整天都能晒到太阳，三面被公共道路围绕。为了不看到来往的车辆，这里稍微降低了地面，做成了下沉式的。东面用高度及腰的石墙来划分庭院区域，并种植了树木。西面与住宅区相连，修筑了墙壁以隔断视线。

半背阴处

建筑物的北侧 ▶P.17

此处位于北侧，在建筑的遮挡下，这里成了只有半天日照的半背阴处。与完全晒不到太阳的"背阴处"相比，这种仅能在一定时间内晒到太阳的区域，我们称为"半背阴处"。

庭院小径

建筑物的东侧 ▶P.12

建筑物旁有一条宽 2~3m、长约 15m 的狭长小径。这里能晒到太阳的时间为日出时至中午刚过不久。

狭小花坛

建筑物的北侧（朝南） ▶P.78

这是十分窄的狭长花坛，深度约为 35cm、高度约为 50cm、长度约为 20m。花坛后面（即与邻家的分界处）安装了木栅栏，这上面爬满了植物。

红砖花坛

建筑物的东侧 ▶P.21

这个花坛面朝公共道路，周围没有遮挡物，因此一整天都能晒到太阳。它由红砖砌成，高度约为 60cm、面积约为 1 榻榻米⊖。

这些区域的植物都采用了"地栽"与"盆栽（混栽）"两种种植方式。花坛（狭小花坛和红砖花坛）优点多多，它高于地面，因而日照条件好，且不用蹲下也能进行养护。

地栽
向阳处、半背阴处、庭院小径

盆栽（混栽）
向阳处、庭院小径

花坛
狭小花坛、红砖花坛

⊖ 通常 1 榻榻米约是 1.6m²。

春
Spring

3 月和 4 月

在早春和煦的阳光下，地表逐渐从棕色变成了嫩绿色。铁筷子、三色堇（小花品种）、葡萄风信子、原种仙客来等小型球根植物都零零星星地开花了。3月仅仅是春天的序章，这段时间的乐趣就是漫步庭院，发现绽放的新鲜花朵。等到了4月，植物迅速茂盛起来，花朵和绿叶覆盖地面。欧洲银莲花、郁金香等花卉随风摇曳。春天正式拉开帷幕，真令人欢欣雀跃。

茎纤细且花鲜艳的欧洲银莲花、野罂粟（冰岛虞美人）、蓝盆花"蓝气球（Blue Balloon）"，以及花朵娇小的柳穿鱼"虹鳉（Guppy）"和雏菊等植物交织种植在一起，组成了如花卉印花般的花坛。郁金香开始冒出花蕾，为花坛再添缤纷色彩。▶（庭院小径）

这是位于庭院东侧的小径。在落叶树紫叶稠李"贝利精品"下，铁筷子、番红花、原种仙客来等植物开出了花朵。这里的环境对它们来说，再适合不过了——夏有树木遮阴，冬有暖阳照射。这里花繁叶茂，一年比一年"热闹"。▶（庭院小径）

— P.90 —

铁筷子
Helleborus

— P.91 —

番红花
Crocus

— P.108 —

原种仙客来
（小花仙客来）
Cyclamen coum

— P.113 —

三色堇
Viola

— *P.90* —

铁筷子
Helleborus

早春的庭院中，铁筷子与三色堇点缀了小径的两侧。在日本，这两种植物每年都会有新品种，颜色、形态丰富多彩。
虽然铁筷子的稀有品种价格昂贵，但是大部分都非常强健，地栽时能逐年长成大棵植株，花朵数量也随之增加，还能
通过掉落的种子繁殖。▶（庭院小径）

16

— P.88 —
虾脊兰
Calanthe discolor

— P.90 —
铁筷子
Helleborus

— P.92 —
朝鲜白头翁
Pulsatilla cernua

— P.86 —
水仙
Narcissus

— P.85 —
勿忘草
Myosotis

此处位于庭院北侧，在建筑物的遮挡下，这里只在早晨和傍晚能晒到太阳，可对虾脊兰等植物来说却是最佳生长环境。
在这儿铁筷子和水仙每年也能开出大量的花朵。种植开高亮度的白色、黄色花朵的植物，就能令背阴的空间显得明亮。
▶（半背阴处）

原种郁金香
（淑女郁金香"辛西娅"）
Tulipa clusiana
'Cynthia'

— P.94 —

重瓣欧洲银莲花
Anemone coronaria
forma. *flore-pleno*

上图是第 14 页图中庭院小径状态发展 1 个月后的样子。原种郁金香（淑女郁金香"辛西娅"）、重瓣欧洲银莲花等植物成了主角，三色堇长大了，勿忘草、雏菊等植物开满了这片空间。如果把小径设计得蜿蜒点儿，更能增加散步赏花的乐趣。▶（庭院小径）

园丁有话说

　　落叶树的四周种着郁金香、水仙、欧洲银莲花等"原种（原生品种）"的球根植物。所谓原种，指的是植物被改良前的品种，是原种衍生出了丰富多彩的园艺品种。原种的魅力有 3 点：外形朴素可爱，强健、维护需求低，性价比高。例如，园艺品种的郁金香只能种一个季度，花后就要拔掉植株，可原种能一直种在地里，反复开花许多年，而且花量每年都在增加。这里搭配了与原种花朵氛围贴合的小型花卉，如三色堇、勿忘草等。

— P.85 —
勿忘草
Myosotis

— P.113 —
三色堇
Viola

紫叶稠李
"贝利精品"
Prunus virginiana
'Bailey Select'

春季，紫叶稠李"贝利精品"开出香气甜美的白色花朵，开始长出清新的淡绿色叶片。花后叶片会变成深紫红色，给人截然不同的感觉（参见第 43 页）。树上可能出现毛虫，所以春季需要进行一次消毒。等到秋冬季节落叶后，树下的草花便能晒到太阳了。▶（庭院小径）

19

翠雀 "欢呼蓝"
Delphinium
'Cheer blue'

— *P.86* —
郁金香
"梅尔西"
Tulipa
'Merci'

园丁有话说

　　郁金香算是一种家喻户晓的春季花卉，大人小孩都认识它。每个季节都可以选一种应季的代表性花卉当作庭院主角，这样能突出庭院的看点和季节感。郁金香的品种分为早花型和晚花型，开花时间相差近 1 个月，所以一片区域里最好种植相同的品种，如此会更加美观。不光是花朵，叶片的宽窄也是选择品种的关键。一方面，园艺品种往往第二年不会开花，即使开花了，花色、花朵大小也参差不齐，因此基本上只能种一年，需要在花后拔掉植株。另一方面，原生品种就算一直种在土壤里，也能每年开出花朵。

上图：日照充足的庭院南侧。粉色的郁金香是园艺品种 "梅尔西"，点缀其间的蓝色花卉是小型品种的翠雀 "欢呼蓝"。将郁金香与蓝色小花卉搭配时，偶尔还会种点儿勿忘草，但勿忘草能通过掉落的种子繁殖，所以从第二年开始必须进行减株。▶（向阳处）

右上图（见下页）：花坛里混栽了多棵株高不同的郁金香、三色堇（小花品种）和脐果草（*Omphalodes*）。不同品种的郁金香，其叶片大小也有所不同。混栽时，要选择叶片宽度适中的品种，这样才能与其他花和谐共生，不会遮挡住它们。而作为配角的草花应选择株高矮于郁金香的品种。▶（红砖花坛）

右图（见下页）：这里已然变为郁金香小径（1 个月前的状态请见第 16 页）。把球根植物错落有致地种植，这样看起来比较自然。▶（庭院小径）

— P.86 —

郁金香
"紫心"
Tulipa
'Purple Heart'

— P.86 —

郁金香
"卡巴乔"
Tulipa
'Carpaccio'

— P.86 —

郁金香
"荷兰优雅"
Tulipa
'Holland Chic'

— P.95 —

原种郁金香（亚麻叶郁
金香"闪亮宝石"）
Tulipa linifolia
'Bright Gem'

21

春星韭
Ipheion uniflorum

— P.92 —

雏菊
Bellis perennis

园丁有话说

　　对庭院小径来说，道路两侧的植栽空间极为有限，因此种不了像毛地黄那样冠幅达 40~60cm 的大型宿根草本植物。为了在各个季节欣赏到不同的花朵，我们可以在冬季种植小花型的匍匐性三色堇、雪滴花，春季种植水仙、葡萄风信子、原种郁金香等球根植物，以及靠掉落种子繁殖的雏菊和勿忘草，夏季种植野草莓，秋季种植原种仙客来等。选择那些不占地方的、偏小型的花卉。但值得注意的是，即便长得矮小，百里香等植物也会逐渐铺满地面，淹没其他的植物，所以它们不适合种在用于欣赏繁花盛开的景色的地方。另外，我们可为道路铺上遇水变硬的纯沙质土壤，以营造自然的风格。

春季专栏
春意烂漫的花束

天气转暖后，庭院中的草花生长旺盛，日益繁茂。通过适当的修剪来改善通风吧。剪下来的草花可用来尝试插花。庭院里种植的花卉，都是经过了精心搭配的品种，用剪下来的花朵制作花束是个不错的选择。水仙、欧洲银莲花等春季球根植物的花茎较长，非常适合用于做花束。铁筷子在种植 3~4 年后，植株也会饱满起来，开出几十朵花，足以用于花艺设计了。以螺旋状堆叠花茎来制作"螺旋花束"是花艺的基本技巧。庭院里有大量花店所没有的花材，如果做好的花束能呈现出花朵天然的魅力，庭院给您带来的乐趣也将更上一层楼。

初夏

Early Summer

5月和6月

在清新的绿色"画布"上，月季、葱、鼠尾草等花卉把庭院装扮得五彩缤纷。这是一年中庭院最艳丽的季节。夏风载着甜美的香气拂过树梢，蝴蝶、蜜蜂在花草间翩翩起舞，忧愁似乎都要烟消云散了。不妨从各个角度拍摄照片，好作为来年庭院设计的参考资料。摇曳的花影，芬芳的花香，昆虫拍翅的声音，这些无法用照片记录的庭院之美，就把它们留在心里吧。

向阳的庭院入口。被牵引到拱门上的月季"卡斯特桥市长（Mayor of Casterbridge）"开得正鲜艳。这种月季即使花开败了，花瓣也不会散落满地，摘除残花就行了。为公共道路的两侧选择花卉时，我们可以稍微考虑花瓣散落的情况，这样打扫卫生也比较轻松。

25

— P.86 —

大花葱
Allium giganteum

— P.97 —

林荫鼠尾草
"卡拉多纳"
Salvia nemorosa
'Caradonna'

月季"强盗骑士"
Rosa
'Raubritter'

— P.99 —

毛蕊花
"南方魅力"
Verbascum
'Southern Charm'

园丁有话说

　　多彩的草花交织成庭院风景，无论多久都看不腻。笔者曾经一次性种过大量的翠雀，结果庭院开满了比人还高的花朵，景色十分单调。

　　要想让有限的空间中有多种不同的花朵，色彩的搭配固然重要，但也要有意识地筛选每一种植物的株高和冠幅。比如毛蕊花"南方魅力"能开出纵向的花串，很适合进行混栽。对于冠幅逐年变大的植物，我们可以把它们种在后排，或通过分株来缩减其大小。

5月的庭院在晨光下熠熠生辉。毛蕊花"南方魅力"和虞美人的茎比较纤细，开花后可能会支撑不住花朵，因此应按需要来安插支柱。牵引到白木乌桕上的藤本月季"强盗骑士"遮住了庭院后面的便利店招牌。▶（向阳处）

— P.99 —

毛蕊花
"南方魅力"
Verbascum
'Southern Charm'

— P.99 —

虞美人
Papaver rhoeas cv.

毛蕊花"南方魅力"和林荫鼠尾草
"卡拉多纳"都是种植后能开花许多
年的宿根草本植物。虞美人和蜜蜡
花则属于一年生草本植物。它们能
通过掉落的种子繁殖,因此需要减
株,应在刚发芽的时候就进行移栽,
控制植物的间距。▶(向阳处)

— P.97 —

林荫鼠尾草
"卡拉多纳"
Salvia nemorosa
'Caradonna'

— P.92 —

蜜蜡花
Cerinthe major

虞美人属于一年生草本植物，正好和月季在同一时期开花。花朵直径为 7~8cm 的大花引人注目，花茎比较纤细，给人纤弱之感。花瓣如丝绢一般轻薄，在晨光的照耀下，花瓣交叠的光影看起来就像正在演绎的皮影戏。

桃粉色的柳穿鱼
Linaria 'Peachy'

— P.34 —
月季
"雅克·卡地亚"
Rosa
'Jacques Cartier'

老鹳草
Geranium

— P.87 —

加拿大唐棣
Amelanchier canadensis

月季
"詹姆斯·L. 奥斯汀"
Rosa
'James L. Austin'

澳洲鼓槌菊
Pycnosorus globosus

深处的花园房成了这片景色的尽头，栽种的植物由近到远色彩连贯。只要一种植物长得过度繁茂，就会影响此处风景的流畅性，所以这里选的都是不会遮挡视线的植物。如果月季长得太茂盛，我们可以剪掉一些花朵和叶片，维护好整体的协调性。▶（向阳处）

— P.36 —
月季
"罗塞利亚纳"
Rosa
'Russelliana'

— P.87 —
锦熟黄杨
*Buxus
sempervirens*

— P.34 —
月季
"雅克·卡地亚"
Rosa
'Jacques Cartier'

— P.95 —
蓝花车叶草
*Asperula
orientalis*

上图：装在墙上的假门给人一种门后另有天地的错觉，这为庭院增添了一丝趣味。这里的种植诀窍的关键在于避免蔓本月季过度开花。▶（向阳处）

下图：点缀在月季下方的是从春季开始开花的一年生草本植物蓝花车叶草。开粉色小花的是宿根草本植物老鹳草。
▶（向阳处）

园丁有话说

　　藤本月季是一种出色的花材。种植这种月季不需要太多的地面空间，只要将之牵引到墙壁上，就能让宽阔的空间变得绚丽起来。定植 3 年后植株旺盛生长，如果往水平方向牵引枝条，可伸出大量花枝，还会形成大量花蕾。然而，当花朵开得密密麻麻时，墙壁就会像刷了一层彩漆一样，会令庭院景色显得有些扁平。这时不如减少枝条的数量，呈弓形牵引枝条，以突出每朵花的优美形状，而且花朵的影子投映在墙壁上，影影绰绰，美得好似一幅画。庭院的美丽不仅倚仗花朵的色彩搭配，光影、风等自然元素也关键至极。牵引枝条时把这些因素都考虑进去，这样就能打造出别致的庭院风景。

那些为了控制花量而摘下的月季花，我们可以将其做成花束。无论是草花还是月季，多花性的植物都可以摘掉少许花朵，以改善通风，令植物看起来更美观。花店的月季花大多没有香味，而庭院里栽种的月季的一大魅力便在于可以感受它的香味。

1

2

1. 古老月季"雅克·卡地亚":它是一种美丽的月季,叶片呈柔和的绿色。躲在花瓣里的蜘蛛是我们的好帮手,它能吃掉月季上的害虫。2. 小花品种是藤本月季"保罗的喜马拉雅麝香(Paul's Himalayan Musk)",大花品种是古老月季"拿破仑冠冕(Chapeau de Napoleon)"。3. 娇小茂密的灌木型品种"安布里奇(Ambridge Rose)"适合种植在小花坛,其杏色的花朵散发浓郁的甜香。4. 英国月季"瑞典女王(Queen of Sweden)"端正的花形和高雅的香味无愧于女王之名。5. 英国月季"权杖之岛(Scepter'd Isle)"圆润的花形和浓郁的香气颇具魅力。它属于半藤本性品种,但也可将之当作小型藤本月季牵引到小花坛的栅栏上。6. "保罗的喜马拉雅麝香"是一种能长到5m以上高的大型藤本月季,适合覆盖宽阔的墙壁或凉棚的顶部,小小的花朵成簇开放,仿佛轻盈的粉色云朵。花朵能散发麝香味。7. 英国月季"圣赛西莉娅(St. Cecilia)"能长到150cm左右高,但最好配合草花的高度将之剪得矮一些。

3

4

5

6

7

初夏专栏
用无农药月季制作月季花酱

月季花酱由采集的月季花瓣制作而成。花朵采自色泽鲜艳、香味宜人的品种（记得选择无农药栽培的月季）。下面介绍的制作方法，能够完美保留花朵的香味和颜色。

材料
月季花瓣 150g、砂糖 100g、柠檬汁（1 个柠檬所出的量）、水 200ml

做法
❶早晨采摘新鲜绽放的花朵，这时虫子较少。

❷摘掉花萼以上的花瓣，将有苦味的花瓣根部去掉一些。

❸把花瓣装进盛水的碗中，轻柔地将其搅拌清洗后，用厨房用纸吸干水分。

❹把花瓣装进另一只碗，撒上柠檬汁，揉 8min 左右。

❺挤压花瓣，将里面的水挤进别的容器。

❻将花瓣放进锅中，加入砂糖和水，用中火至小火熬 20min 左右。

❼关火，加上❺挤出的水，静置约 1h。

❽再次开火，煮干汁水即可。

红色与粉色的月季花酱配上司康。用的花朵不同，花酱的香味也会不同。爽脆的花瓣嚼起来有趣极了，令人幸福感满满。

把月季花酱加在汽水、香槟里，能得到别样的美丽颜色和香味。在月季的盛花期邀请客人来庭院参加茶会时，也推荐使用月季花酱。

1. 牵引到庭院假门上的粉色藤本月季"保罗的喜马拉雅麝香"和深红色的"贾曼博士的纪念（Souvenir du Docte Jamain）"。**2.** 灌木性的月季"黑影夫人（The Dark Lady）"鲜红的大花朵在庭院中颇为醒目。它能够反复开花，从初复开到冬季降雪的时候。**3.** 深粉色中透着紫色的月季"罗塞利亚纳"直径约为 4cm 的圆形小花沉甸甸地开在枝头。这利藤本月季能伸长到近 4m 长。**4.** 这个品种的花名"Fraise"是"草莓"的意思。它是一种抗病性、耐热性优秀，开花性也出类拔萃的半藤本月季，枝条柔软，天然的树形也很美丽。

英国月季"曼斯特德·伍德（Munstead Wood）"：色彩如天鹅绒般浓郁，香味醇厚，它是一种在月季比赛上多次获奖的名花。它对月季特有的黑斑病抵抗力强，耐热性也优秀，属于半藤本性月季，在小花坛里可以当作藤本月季种植。

园丁有话说

挑选月季时，除了自己喜欢什么样的花朵，我们还必须考虑月季的 3 个生长特性。第一个特性是树形。月季分为"藤本性月季""灌木性月季"和介于二者之间的"半藤本性月季"。在藤本性月季中，有些品种的藤蔓（枝条）能长到 7~8m 长，需要为其挑选合适的种植地点。第二个特性是花期。月季有仅在初夏开花的"单季开花型月季"、春秋之间反复连续开花的"四季开花型月季"，以及开花稍欠连贯性的"反复开花型月季"。第三个特性是抗病性。只要选择强健的品种，那么种植时几乎不需要做病虫害防治等工作。

盛夏

Mid summer

7月和8月

草木在盛夏灼热的阳光下繁茂生长。在这个季节建议选择耐热性强、方便打理的植物，它们只需最低限度的管理和养护。因为蒸腾作用，气温越高，植物体表蒸发的水分就越多。在庭院种植植物，您就相当于拥有了自然空调。研究结果表明，在有绿荫的地方，体感温度会明显降低。这个季节，我们可以亲身感受了不起的绿色能量。

在耐热性强的杂交矮牵牛和新风轮的混栽盆栽中还种植了野草莓。攀附在花盆上的藤蔓是悬钩子。尽管它强健且叶片美丽，可恣意扩张的地下茎却难以控制，比较适合用花盆种植。

— P.107 —

松果菊
*Echinacea
purpurea*

金鸡菊
Coreopsis

— P.101 —

乔木绣球
"安娜贝尔"
Hydrangea arborescens
'Annabelle'

— P.104 —

杂交矮牵牛
Petunia hybrid

在盛夏的庭院里，绿色就是主角。在一大片浓郁的绿色中，颇适合种植颜色鲜艳、形状独特的花卉。松果菊花朵的中心向上凸起，独特的花形惹人注目。金鸡菊是耐热性出色的夏季必种花卉。它们共同为夏季的庭院增添色彩。▶（向阳处）

— P.36 —
月季"黑影夫人"
Rosa
'The Dark Lady'

— P.105 —
迷你向日葵
Helianthus annuus

— P.105 —
蓝花鼠尾草
"萨丽芳"
Salvia farinacea
'Sallyfun'

— P.104 —
蓍
Achillea

— P.107 —
宿根福禄考
Phlox

上图：迷你向日葵与英国月季"黑影夫人"和谐共生。分枝后的迷你向日葵显得格外茂盛，能够一直开花到秋季

▶（向阳处）

下图：日本的夏季高温高湿，原本笔直挺立的花茎届时也会弯曲，因此需安插支柱。而蓍花朵绽放时的身姿依然挺拔

▶（向阳处）

紫叶稠李
"贝利精品"
Prunus virginiana
'Bailey Select'

— P.85 —
长星花
Isotoma

— P.104 —
杂交矮牵牛
Petunia hybrid

— P.85 —
六倍利
Lobelia erinus

紫叶稠李"贝利精品"的紫红色叶片构成了背景，与绿色的藤本月季相映成趣。树下是点缀过早春庭院的铁筷子，它们此时正在树荫的守护下休眠。外围深度约为 20cm 的花坛中种植的都是耐热性强、花色清新的植物。▶（庭院小径）

番薯
"特勒斯青柠"
Ipomoea
'Terrace Lime'

— P.106 —
花叶芋
Caladium × hortulanum

火红萼距花
Cuphea
Platycentra

— P.106 —
鞘蕊花
Coleus

上图和下图：在这个季节，相比需要摘残花的草花，选择栽培鞘蕊花、花叶芋等叶色美丽的彩叶植物，打理起来会更省心。在叶片美丽的观叶植物中，近年也出现了耐得住直射阳光的改良品种，可以进行地栽。▶（向阳处）

园丁有话说

　　打理盛夏的庭院时，您会发现自己总是不自觉地选择在树荫下工作。对于无法活动的草花来说，树木正是珍贵的天然遮阳伞。哪怕庭院不大，种点儿落叶灌木也能呵护长在树下的草花——夏天有茂密的树叶，冬天落叶后能令阳光变得柔和。注意避免树木过度繁茂，定期修剪，维持美观即可。但如果把月季种在树木的旁边，树木可能会"抢走"施给月季的肥料。就算是两年的苗，也应将月季在大盆中栽培1年以上，等形成足够的根系后再定植于土地；或者直接把盆栽布置在庭院里。

几棵树木形成了绿荫，半背阴处凉爽得像避暑地一样。盛夏时节，庭院的盎然绿意比满园繁花更令人感到惬意。春季开花的虾脊兰、樱草等正在树荫的"守护"下度夏。▶（半背阴处）

秋

Autumn

9月、10月和11月

高温有所缓和后，暂时休眠的草花又变得有活力了，庭院逐渐恢复色彩。秋季是再次劳作的季节。把夏季繁茂的绿植整理一遍后，花卉将变得格外醒目。秋季之美在傍晚，夕阳拉长花影的日落时分正是庭院最美的时候。秋季开花的月季于晚秋绽放，尽管花量不如春季开花品种的，花色却更加浓郁，观赏时间也更长。请尽情地欣赏每一朵鲜花吧。

生有紫色花穗的鼠尾草"安东尼·帕克（Anthony Parker）"是墨西哥鼠尾草和凤梨鼠尾草的杂交品种。它生长旺盛，枝叶繁茂，因此需要通过疏茎进行调整。彩叶植物是于夏季混栽的莲子草"小小的浪漫（Little Romance）"。

— P.108 —

波斯菊
Cosmos bipinnatus

波斯菊、月季、鼠尾草、夏季种植的彩叶植物将秋日庭院装扮得五彩缤纷。我们可以把夏季摆在树荫下的花园桌搬到向阳处，再装饰上花束。拉长的影子也是秋季独有的美丽元素。▶（向阳处）

鼠尾草
"安东尼·帕克"
Salvia
'Anthony Parker'

49

P.108

波斯菊
Cosmos bipinnatus

秋季专栏
营造庭院的秋日风情

波斯菊在秋季开花。当庭院里开出波斯菊时，人们自然会发出"啊，已经入秋了"的感慨。对庭院来说，枫树不是想种就能种的，但波斯菊属于一年生草本植物，栽培起来很简单。还有其他营造季节感的方式，比如在庭院里举办活动。在院子里摆上南瓜，就能轻松营造欢乐的氛围。像这样的庭院装饰，我们称之为花园装饰物（Garden ornament），其中也包括石头做的摆件。花园装饰物种类繁多，有动物、精灵、哥布林等形象，不妨稍微发挥您的想象力，把它们摆在合适的位置，这样庭院瞬间就有了故事感。

图中的是代表秋季的波斯菊。直接播种的话，夏季整理庭院的时候可能会伤到它们，所以应等到收拾完毕后在初秋种植幼苗。▶（向阳处）

莲子草
Alternanthera

紫叶稠李
"贝利精品"
Prunus virginiana
'Bailey Select'

到了 10 月，紫叶稠李"贝利精品"叶片掉落，地面能晒到太阳了。于是，原种的常春藤叶仙客来开花了。与娇艳的园艺品种不同，它有股别样的魅力，是一种很适合自然氛围的花卉。▶（庭院小径）

园丁有话说

原种仙客来是一种娇小的花卉，只要种植的地点合适，就强健得几乎无须打理，且花量每年都会增加。它们适合种在夏季有绿荫、开花期能晒到太阳的落叶树下。种植地较差的排水性会对球根造成伤害，因此我们应在落叶树的周围堆高土壤，并用天然的石头固土，令种植地略高于小径。虽然只有些微的落差，却还能够改善通风。在高温天气告一段落的初秋，当您为了确保日照充足而去清理周围的杂草和落叶时，会发现仙客来已经长出了花芽。球根可能会遭到害虫的啃食，一旦发现啃食痕迹，就马上用适合的药剂来处理吧。

— P.108 —

原种仙客来
（常春藤叶仙客来）
*Cyclamen
hederifolium*

常春藤叶仙客来属于球根植物，种植 2~3 年后球根会变大，届时可以通过分球增加花量。原种仙客来有两种：秋季开花的常春藤叶仙客来，以及从冬季到来年春季开花的小花仙客来。同时种植这两种的话，就能够从秋季一直赏花到来年春季了。▶（庭院小径）

晚秋气温降低，半背阴处的花朵变
少了。如果种植叶片有个性的植
物，那美丽的叶片足以供人观赏。
推荐种植图中的 3 种植物，它们的
叶片颜色和形状都十分独特，每一
种都耐热性强，还都是常绿性植
物，冬季也能保持这样的状态。

野草莓
Fragaria vesca

— P.90 —

铁筷子
Helleborus

匍匐筋骨草
"巧克力片"
Ajuga reptans
'Chocolate Chip'

月季
"帕特·奥斯汀"
Rosa
'Pat Austin'

— P.88 —

绣球"雾岛之惠"
Hydrangea macrophylla
'Kirishima no megumi'

左上图： 英国月季"帕特·奥斯汀"有四季开花性，秋季也能开花。花梗纤细，开花时微微颔首的样子很是美丽。

右上图： 梅雨季鲜艳的蓝紫色花朵变成了图中斑驳的样子。基本来说，绣球需要进行及时的花后修剪，但这个品种有四季开花性，并没有特定的修剪期。褪色的秋季残花也很好看，所以这里就将之特意保留了下来。

下图： 正想收拾落叶时，突然蹦出了一只东北雨蛙（*Hyla japonica*）。它动作迟缓，也许在为冬眠做准备。"不好意思，打扰到你啦。"

全部 ▶（半背阴处）

冬

Winter

12月、来年1月和2月

即便天气寒冷，一年生草本的三色堇和园艺仙客来仍然为庭院增添了色彩。每一种花卉都品种丰富，仅靠它们也能呈现出多姿多彩的庭院景色。在寒冷的季节，植物会放慢生长速度，难以茂盛起来。这时我们可以将它们种进花盆来提升植株高度，让可爱的花朵更加醒目。冬季从室内望着庭院的时候变多了，不妨增加一些远看也很醒目的鲜艳色彩吧。

往食品模具中加水和花瓣，做出了这些冰制装饰物。还可以把钢丝一起冻进去，这样就能将冰制装饰物挂在树上，点缀落叶后的冬日枝梢。这种装饰方法借助了寒冷的天气，只有冬季才能做到。偶尔试着放下年底的繁忙工作，重拾童心吧。

园丁有话说

　　三色堇是冬季庭院中不可或缺的植物，不仅花色繁多，花朵大小、花瓣数量、花瓣褶皱、叶缘锯齿、栽培方式都五花八门。有的成簇开花，有的匍匐在地向四周蔓延，有的长茎随风摇摆，可谓个性丰富。如果只着眼魅力十足的花朵，很可能就挑花了眼，不如根据种植地点的风格来选择吧。店铺里摆放的基本全是开个性花朵的品种，容易吸引眼球，但如果种植地点像图中这条庭院小径一样风格自然，那么开朴素小花的品种会更加适合。另外，像玄关口这类想给人耳目一新之感的地方，开华丽褶边花的品种和单株也吸睛的个性花卉便能派上用场了。

— P.113 —

三色堇
Viola

花瓣的褶皱就好像弗拉门戈舞者热舞时飞扬的裙摆，而精致柔美的花色如梦似幻。近年来，日本育种家培育出的三色堇美丽极了，有种百看不厌的魔力。每年都有新品种的个性花卉推出，这也为冬季的园艺工作注入了激情。新品种和稀有品种都只有少数店铺会进货，有的甚至限制了购买数量，所以我们平时就多多关注社交媒体等平台吧。

除了醒目的个性花卉，像东北堇菜那样朴素的野生花卉，对庭院来说也必不可少。到了10月，三色堇会开始在店铺上架。寒冷时期植株生长缓慢，等来年3月气温升高时，才会迅猛生长。那时，春季开花的球根植物等开始绽放，最适合搭配不太抢眼的朴素花卉。植物会因恰当的种植地点和栽种方法而大放光彩，但有时也会因此而显得突兀。所以种植要适材适所，这样才能令庭院更加美观。▶（庭院小径）

— P.113 —

三色堇
Viola

— P.114 —

园艺仙客来
Cyclamen persicum

— P.114 —

尖叶白珠
Gaultheria mucronata

上图：停车场红砖花坛里的植物中，鲜艳的暖色系花朵令人在寒冬中也能感到温暖。▶（红砖花坛）

下图：装饰庭院的圣诞树周围摆着五彩缤纷的混栽盆栽，其灵感来自圣诞树下的礼物盒。这看起来热闹又欢快。▶（向阳处）

冬季专栏
用树木和混栽盆栽来烘托气氛

冬季的草花都不高，花朵远看并不显眼，令人感觉冷冷清清的。树木的叶片都掉光了，一下子就能看到庭院后面的便利店。因此，庭院主人每年冬季都会在庭院里摆上圣诞树，它也起到了遮挡窗户的作用。再把混栽盆栽装饰在圣诞树周围，便能营造欢乐的氛围。在寒冷的季节里，我们从室内望着庭院的时间变多了。如果选择花色艳丽的植物，那么远看也很醒目。这里的冬季难得见到晴天，容易让人感觉阴郁，不妨用明艳的花朵来愉悦心情吧！我们在选择花卉时，易偏向根据自己喜欢的颜色选择，但如果也能考虑赏花位置、气候特性等因素，庭院的魅力便能更上一层楼。要知道，窗外的风景每天都能影响我们的心情。而园艺的乐趣就在于，这些风景可以由自己亲手创造。

每年，冬季的圣诞树都摆在从窗户一眼就能看到的位置。这里用了发光的装饰品来吸引视线。

没有庭院也能体验的
混栽盆栽

　　混栽即在一只花盆中种植不同的植物，可以欣赏多彩的花朵，体验搭配的乐趣。即使没有宽阔的庭院，只要有花盆，就能在各季让花朵开出缤纷的色彩。搭配花卉跟花艺工作有些相似，但混栽的魅力在于植物每天都在变化，这样的乐趣能持续好几个月。混栽主要使用生长周期短于1年的植物（一年生草本植物，或可当作一年生草本植物的宿根草本植物），按季节进行更换。

* 花盆尺寸：Φ= 直径　H= 高度
　　　　　　W= 宽度　D= 深度

高矮平衡的鲜艳混栽盆栽

开黄色和橙色花朵的是路边青。
直径为 3cm 左右的小花开在纤
细的茎梢，随风摇曳的样子很是
好看。基部的是骨子菊。搭配虽
然简单，但却是高矮平衡的鲜艳
混栽盆栽。

花盆尺寸：
40cm（Φ）×70cm（H）

春

一到春季，园艺店里的花苗就焕然一新了，可混栽的花卉也变得丰富起来，可以进店瞧一瞧。随着气温的升高，植物的生长日益旺盛，这就需要我们养成浇水（参见第 144 页）与摘残花（参见第 146 页）的习惯。有时，施液体肥料（参见第 144 页）便能让花朵开得更持久。

混栽了 3 种植物的可爱小盆栽

开淡粉色铃铛形花朵的是耧斗菜。这一种强健的宿根草本植物，花后还可以进行地栽。开着花心呈黄色的朴素白花的是花簪鳞托菊，能一直开到 5 月。开在盆缘的白花植物是宿根性的屈曲花。这种植物像毯子一样匍匐在土壤上生长，所以它之后会垂悬在盆外。

花盆尺寸：16cm（Φ）×11cm（H）

为庭院增色的大盆栽

大盆栽常用于点缀庭院风景，它能让矮小的花卉显高。在混栽的大盆栽中，如果能种上像❹~❼这类能伸出盆缘的植物，看起来将更有层次感。

花盆尺寸：60cm（Φ）×48cm（H）

❶狭叶剪秋罗
❷林荫鼠尾草"顶点（Apex）"
❸耧斗菜"大理石（Marble）"
❹马鞭草
❺长叶百里香
❻常春藤
❼草莓

初夏

进入初夏后，气温会不断上升，因此建议种植耐热性强的草花。舞春花和矮牵牛耐热性强，可谓此时必不可少的花卉。这两种植物的花色、花形都丰富多样，选起来令人眼花缭乱。当茎伸长、中央的花朵变少后，我们可以对植株进行回剪，这样就能继续观赏到花朵了。

要点！

混栽的经典配角

像大戟"冰霜钻石"（*Euphorbia* 'Diamond Frost'）、多枝萼距花"粉色微光（Pink Shimmer）"这类轻盈的小花植物，能起到烘托主角的作用，在整体中不可或缺。这两种植物都能长时间开花，花期可持续半年以上。

大戟"冰霜钻石"

多枝萼距花"粉色微光"

2 种花卉与彩色花盆的搭配

开红色花朵的是舞春花"超级铃铛 重瓣红（Superbells Double Red）"。开白色花朵的是大戟"冰霜钻石"。除去隆冬，大戟"冰霜钻石"几乎一直都在开花，能够提升混栽盆栽的分量感。

花盆尺寸：15cm（Φ）×15cm（H）

线条优美的长盆栽

开橙色花的舞春花"百万铃铛（Million Bells）"系列的品种和开粉色花的舞春花"超级铃铛 重瓣粉涟漪（Superbells Double Pink Ripple）"被种成了一排。二者花朵大小相同，只有颜色存在微妙的差异。其间若隐若现的白色花朵是大戟"冰霜钻石"与马鞭草。悬挂在盆缘的千叶兰为盆栽增添了动感。

花盆尺寸：
52cm（W）×14cm（D）×20cm（H）

满溢而出的混栽花篮

开淡紫色花朵的是矮牵牛"帕尼耶（Panier）"。开小花的是多枝萼距花"粉色微光"。种植在边缘的是洋常春藤。花篮里铺有塑料膜，防止土壤漏出来。

花盆尺寸：
30cm（W）×18cm（D）×13cm（H）

67

盛夏

对植物来说，盛夏是个严酷的时期。不过，耐热性强的品种每年都在增加。种植前先了解一下植物信息吧。观叶植物的原产地大多在热带地区，它们耐热性强，我们可以在这个时期用它们进行混栽。只不过，观叶植物耐寒性差，入秋后就应将之转移到室内。

纯观叶的夏季混栽盆栽

由两种绿萝、常春藤和千叶兰组成的混栽盆栽。全都是枝条垂坠的观叶植物，迥异的色彩与形状颇具魅力。

花盆尺寸：
31.5cm（W）×16cm（D）×13cm（H）

> **✕ 观叶植物要注意摆放位置**
>
> 观叶植物的耐热性虽强，但有些品种无法经受阳光直射，会出现叶烧现象，绿萝就是其中的代表。我们可通过图鉴资料等了解植物的特性，把不耐直射阳光的种类摆放在有树荫、遮挡物（遮阳）的地方。

主角是能承受阳光直射的彩叶植物

开红色花且生铜色叶片的美人蕉、叶片上的红色令人印象深刻的花叶芋、覆盖表土的彩叶植物，每一种都是健壮的观叶植物，不会受到直射阳光的伤害。

花盆尺寸：75cm（Φ）×70cm（H）

❶美人蕉"热带 青铜绯红（Tropical Bronze Scarlet）"
❷花叶芋"心连心（Heart to Heart）"
❸莲子草"小小的浪漫"
❹五彩苏"大瀑布 天使（Great Falls Angel）"
❺矮牵牛"超图尼亚 蓝色早晨 Plus（Supertunia Blue Morn Plus）"

用蓝色小花营造清凉之感

蓝色花朵可用来营造清凉感。薰衣草难以经受夏季的闷热天气，所以应摆放在通风良好、避开强光的位置。

花盆尺寸：47cm（Φ）×60cm（H）

❶蓝花鼠尾草"萨丽芳"
❷薰衣草"水晶翼（Crystal Fin）"
❸薰衣草（英国薰衣草）
❹阔叶百里香"福克斯利（Foxley）"
❺六倍利

蓝盆花"粉（Pink）"属于四季开花性品种，摘掉残花后能接连生出新花蕾，观赏时间长。

花盆尺寸：33cm（Φ）×37cm（H）

❻薰衣草（英国薰衣草）
❼蓝盆花"粉"
❽大戟"冰霜钻石"

秋

秋季是混栽植物恢复状态的季节。尽管植物放缓了生长速度，但寒冷天气使得一些花朵、叶片的色彩更加浓郁，能展现季节的变化。还可以种上点儿长茎植物，它们随秋风摇曳的样子韵味十足。

秋日风情的混栽盆栽

混栽大盆栽的主角是有着橙色、棕红色的花朵或叶片的植物，它们与夕阳交相辉映。

花盆尺寸：

70cm（Φ）×50cm（H）

❶巧克力波斯菊
❷万寿菊"火球（Fireball）"
❸紫背蔓荆（ *Vitex trifolia* 'Purpurea'）
❹矾根
❺大戟"冰霜钻石"

风中摇曳的波斯菊

随秋风摆动的花朵，从室内望去也别有情趣。

花盆尺寸：

84cm（W）×34cm（D）×34cm（H）

❶天蓝花
❷波斯菊
❸硬毛百脉根"硫黄（Brimstone）"
❹龙面花
❺宿根马鞭草
❻蓝盆花"蓝气球"
❼阔叶百里香"福克斯利"

大胆的万圣节风格

主角是南瓜，搭配了金毛菊和石蚕叶铁苋菜。

花盆尺寸：
45cm（Φ）×32cm（H）

色彩绚烂如和服

以菊花为主角，搭配的花色艳丽如和服上的色彩。

花盆尺寸：37cm（Φ）×30cm（H）

❶延命草"魅力莫娜"（*Plectranthus* 'Magic Mona'）

❷繁星花

❸菊花"流粉 双色（Stream Pink Bicolor）"

❹金毛菊

❺吉普赛满天星

❻石蚕叶铁苋菜

"长寿"的混栽盆栽

这是于夏季种植的混栽盆栽，花期持久，可以观赏到晚秋。

花盆尺寸：20cm（Φ）×20cm（H）

❶百日草

❷千日红

❸莲子草"小小的浪漫"

❹金毛菊

冬

冬季是最适合混栽的季节，有许多如三色堇、园艺仙客来等花色丰富的植物。多亏气候寒冷，每种花卉都像待在冷藏室一样持久保鲜，且这个季节几乎没有害虫。这也为冬季寂寥的庭院增添了色彩。

3 个盆栽的搭配

两侧都是混栽的三色堇（小花品种）盆栽。中间的长方形花盆里种着以下几种植物：
❶ 柳南香
❷ 帚石南
❸ 三色堇（大花品种）
❹ 硬毛百脉根 "硫黄"
❺ 园艺仙客来
花盆尺寸：
60cm（W）× 23cm（D）× 23cm（H）

不同的季节，不同的模样

外形神似白色月季花的是羽衣甘蓝。入春天气转暖后，它就会像右图一样旺盛生长，变成独特的模样。

花盆尺寸：
32cm（Φ）× 15cm（H）

适合圣诞节的盆栽

将结红色果实的平铺白珠树种在了盆缘，好让它露在外面。盆栽中的红色引人注目，非常适合圣诞节时使用。

花盆尺寸：40cm（Φ）×33cm（H）

❶帚石南
❷日本茵芋"风疹（Rubella）"
❸水芹"火烈鸟（Flamingo）"
❹园艺仙客来
❺三色堇（大花品种）
❻平铺白珠树

用到了微型月季的混栽盆栽

在寒冷时节，微型月季的开花株能长期保持美丽的花姿。推荐将之用于冬季混栽。

花盆尺寸：
30cm（Φ）×16cm（H）

❶微型月季
❷帚石南
❸园艺仙客来
❹三色堇（小花品种）

持续开花到来年春季的小花篮

于冬季种植后，这个组合能持续开花到来年春季。

花盆尺寸：30cm（Φ）×16cm（H）

❶日本茵芋"风疹"
❷三色堇"德古拉（Dracula）"
❸朱丽报春
❹香雪球

混栽的基本方法

准备材料
- 苗
- 花盆
- 盆底石
- 草花专用培养土（含基肥）

建议准备的材料
- 活力剂
- 控水网兜

种植前的准备工作

选择花盆。买苗之前，先确定要种在哪只花盆里，花盆摆在什么地方。这样有助于提升盆栽的美观度。

铺盆底石。可以把盆底石装进控水网兜，这样移栽时操作起来会比较方便。

将草花专用培养土倒入花盆，填充至约七分满（如果培养土不含基肥，此时就需要施肥）。

布置

先把准备的苗直接摆在花盆上，调整位置（不用摘掉育苗盆）。

要点!
布置的诀窍

将会长高的植物种植在中央至后面的位置，矮小的和枝茎垂坠的植物则种植在花盆边缘。在花卉间种上观叶植物的话，可以突出花朵的存在感。另外，如果用像第 66 页中的经典配角——大戟"冰霜钻石"那样的小花植物来填充空隙，便能使整体看起来协调美观。

定植

5

"肩膀"

确定好布局后，就把苗从育苗盆中拔出来。如果育苗盆中的根系盘结，则需要进行疏根。如此能够促进苗的生长。

要点!
松动"肩膀"

去掉根球上层的土壤。把植物种植在一起时，没有"肩膀"植株才容易紧密贴合。

X 也有植物"讨厌"被动根

主根系植物"讨厌"被动根，只能将之直接种植，比如铁筷子、铁线莲、虞美人等。

要点!
一分为二

如果育苗盆中的幼苗比较大，我们可以把它分成两株进行种植，这样盆栽看起来会更加自然。只要把地上部分与地下部分交界处分开，根系就会分开。但有的苗找不到合适的分株位置，这时就不必强行操作。

收尾

6

3月

在苗和盆缘间仔细地填入土壤。如果有植物下陷，就先将植物拔出来填充土壤，以调整高度。为保证浇水时花盆中有贮水空间，土壤最高处应比盆缘矮 3cm 左右。浇水（添加活力剂）后便大功告成。活力剂有助于刚定植的植物的根系生长。

养护

除了浇水（参见第 144 页），也需定期施液体肥料，这样有助于植物健康生长。
❶薰衣草"水晶翼"
❷粉花绣线菊"白金（White Gold）"
❸百里香"白色连衣裙（Dress White）"
❹千叶兰"黄金少女（Golden Girl）"
* 盆栽中也种有骨子菊、假匹菊、龙面花，但图片中为它们花后的状态。

7

6月

如何搭配5个月
持续开花的混栽盆栽

混栽盆栽包含多种植物，每种植物开花的时间各不相同。

在下面介绍的例子中，我们会把过了观赏期的植物换成新苗，好让混栽盆栽持续开花。

由多种花卉组合而成的混栽盆栽就如华丽的花束一般吸引人，且植物在生长过程中不断变化的样子也是它的一大魅力。

这里用到了观赏期长的观叶植物，并适时地更换盆栽主角，确保能够长期观赏到应季花卉。即便是拔出来的植物，只要种进其他花盆或进行地栽，也能再次带给人新鲜感。

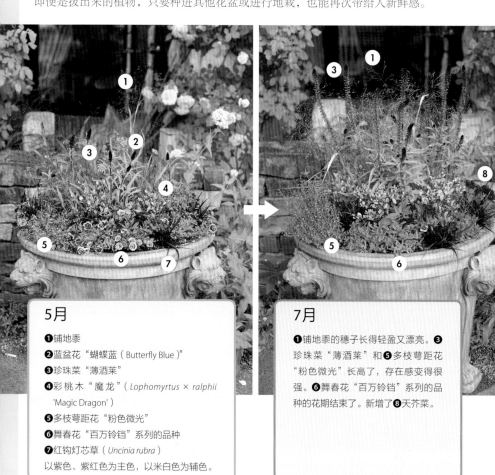

5月
❶铺地黍
❷蓝盆花"蝴蝶蓝（Butterfly Blue）"
❸珍珠菜"薄酒莱"
❹彩桃木"魔龙"（*Lophomyrtus × ralphii* 'Magic Dragon'）
❺多枝萼距花"粉色微光"
❻舞春花"百万铃铛"系列的品种
❼红钩灯芯草（*Uncinia rubra*）
以紫色、紫红色为主色，以米白色为辅色。

7月
❶铺地黍的穗子长得轻盈又漂亮。❸珍珠菜"薄酒莱"和❺多枝萼距花"粉色微光"长高了，存在感变得很强。❻舞春花"百万铃铛"系列的品种的花期结束了。新增了❽天芥菜。

12月

来年3月

在冬季的混栽盆栽中提前种好球根，等待春季

冬季进行混栽时，如果能与其他植物一起种下郁金香的球根，来年春季的盆栽将变得十分令人期待。冬季混栽盆栽中开花的是三色堇（小花品种）、园艺仙客来、香雪球等植物，而来年春季的主角将变为红色的郁金香，花朵轻盈的三色堇（小花品种）则变为配角。

混栽的植物可地栽！

9月

❽天芥菜生长旺盛了起来，变得更加抢眼。新加入了❾侧花卷舌菊"黑衣女士（Lady in Black）"、❿莲子草"小小的浪漫"、⓫紫八宝"泽诺克斯（Xenox）"。彩叶植物长大后需要减株，可以将拔掉的植物改为地栽。

10月

❾侧花卷舌菊"黑衣女士"开出了花朵。拔掉了❿莲子草"小小的浪漫"，并将之种在庭院各处。⓫紫八宝"泽诺克斯"的花朵褪色后，露出的种子也很有个性，所以将它保留了下来。❽天芥菜开完花后，被换成了⓬矾根与⓭莲子草属的斑叶品种。

令宽 35cm 的空间开花不断
狭长小花坛的四季

图中的是宽 35cm、高 50cm、长 20m 的狭长小花坛。花坛与邻家相接，背面修了一面高约 180cm 的木栅栏。尽管植栽空间狭小，但如果利用好背面的栅栏，把藤本植物牵引上去，就能营造一片绿意盎然的美丽空间。此外，令花坛中植物的高度接近人的视线高度，这也是避免给人狭窄感的一个技巧。如果花坛深度大于 40cm，那么月季也能够在其间扎根长大。

这片区域的植物主打红色。郁金香、欧洲银莲花从茂盛的雏菊与三色堇间伸出了长长的花茎，赋予了花坛层次感。

❶月季
❷郁金香
❸欧洲银莲花
❹雏菊
❺三色堇

橙色的花毛茛"拉克斯（Rax）"开得热闹非凡，就像华丽的花束一样。它属于球根植物，植株每年都会长大。

❻花毛茛"拉克斯"

春季

月季是挨着栅栏种植的，外围以一年生草本植物为主。春季，月季的叶片郁郁葱葱，摇身变为一片绿色的画布，把前排的草花衬得格外美丽。许多一年生草本植物都像三色堇一样属于多花性植物且花色鲜艳，即便在狭小空间，也能营造出花团锦簇的感觉。而且，一年生草本植物需随季节更换，以便我们可以欣赏到多种多样的花卉。布置植株时，基本是高的植株种在后排，越往前植株越矮。图中沿着住宅修建的花坛长达20m，所以在醒目的位置上都种植了宿根草本植物。

初夏

法国培育的月季"罗斯曼·贾农（Rosomane Janon）"变色的花朵十分特别。下方开黄色花朵的是宿根草本植物粗尾草。开轻盈的蓝色花朵的则是一年生草本植物黑种草——之前掉落的种子从水泥缝中生根发芽，长成了这副模样。夏季开花的大丽花的叶片也长得十分繁茂。

❶铁线莲"紫罗兰之星（Etoile Violette）"

❷月季"罗斯曼·贾农"

❸粗尾草

❹黑种草

被牵引到栅栏上的月季开花了，形成了一面花墙。每株月季的根系需要 30~40cm³ 的生长空间，所以哪怕花坛狭小，只要空间足够，便足以让月季生长。藤本月季中也有能长到 5m 以上的大型品种，但对狭小的空间来说，半藤本性品种相对小巧的植株会更好打理。月季的基部附近不会开花，我们可以点缀一些矮小的草花。另外，月季没有蓝色系的花朵，若搭配开蓝色花朵的植物，就可以起到相互衬托的作用。推荐种植一年生草本的黑种草，其植株强健，且容易通过掉落的种子繁殖。

上图中的是藤本植物铁线莲"紫罗兰之星"与香豌豆。
宿根草本的铁线莲"紫罗兰之星"生长旺盛，月季的
遮挡可能会影响其开花，所以种植时需拉开植株间距。

❶铁线莲"紫罗兰之星"
❺香豌豆

狭小花坛里种植的月季均为半藤本性
品种。镜头前的红色月季是"曼斯特
德·伍德"。

盛夏到秋季

盛夏到秋季，花坛中开花的主要是大丽花。大丽花属于球根植物，种下后可以多年开花。当6—7月的头茬花开败后，就可以为植株回剪了。保留植株底部三四节，这个高度大概是株高的一半。大丽花生长旺盛，茂密的枝叶很容易影响到通风。它容易患白粉病，所以把植株剪得清爽一些吧。大丽花会在秋季长出新叶片，再次开出美丽的花朵。等秋花开败、叶片变黄后，就把植株修剪至地表。过度潮湿环境和冰霜都会使球根损伤，所以在某些地区，可以把球根挖出来保存。但在这个比地面高出50cm的花坛中，球根可以一直种在土壤里，这是因为在花坛外壁的包围下，土壤兼具了保温性和排水性。这样球根可以安然过冬。

① 月季
② 长阶花"冰雪伊莎贝拉"
③ 彩桃木"魔龙"
④ 三色堇

冬季

花坛中主要的花卉是耐寒性强的一年生草本的三色堇。园艺仙客来同样也属于冬季花卉，但其花朵遇雪枯萎，因此不能种在这片没有屋檐遮挡的花坛中。12月至来年2月的寒冷天气令植株生长缓慢，栽种时不用留出太大的间距，这样看起来更美观。花卉植株间和后排都种了常绿灌木长阶花"冰雪伊莎贝拉（Ice Isabella）"、彩桃木"魔龙"等彩叶植物，以免显得单调。对于初夏开花的月季，我们需在2月结束前完成修剪和牵引。狭小花坛的土壤有限，所以施肥也必不可少，就和修剪、牵引同时进行吧。

第2章

庭院植物的选择

在这座包含 5 片区域的庭院，共栽种了 200 多种植物。在决定把每种植物种在哪里前，请先掌握下面的这些信息。先把植物种在合适的位置，再参考第 121~155 页的园艺工作进行日常管理吧。

挑选植物的关键信息
- 植物的种类　●利于栽培的环境条件
- 开花时期（花期）　●株高　●特征

第 85~87 页：按"植物的生命周期"介绍了各类植物的特征。
第 88 页：介绍了适合"半背阴"环境的植物。
第 89 页：讲解以别种形式发挥作用的"藤本植物"与"葡匐植物"。
第 90~115 页：按季节介绍推荐种植的 100 多种植物。
希望能对您挑选庭院植物有所帮助。

"衔接四季的植物图鉴"（第 90~115 页）的使用方法

开花时期

植物的种类　园艺分类　▶讲解：P.85~87

利于栽培的环境条件（如半背阴）▶讲解：P.88

养护小贴士　▶讲解：P.154

宿根草本植物·半背阴·掉落种子
花期：1—3月 | 株高：约30cm

植株长大后的平均高度

毛莨科

科名　基于植物分类系统的科名
方便查找同类植物

铁筷子

植物名称
便于在园艺店等处购买的学名或通用名称
双引号中的为园艺品种名称

早春的植物大多矮小，而铁筷子是为庭院增加立体感的宝贵植物。除了单瓣品种，还有重瓣品种和半重瓣品种，花色也很丰富，非常容易繁殖。

特征与魅力
不同的花色和栽培方面的补充内容等

*花期以日本关东、关西、山阴等地区的平原的情况为准。在寒冷地区、温暖地区植物的开花时间会提前或推迟。

*在本书中，宿根草本植物（包含多年生草本植物）是一类栽种后寿命较长的植物。

挑选植物的基础知识

选择植物时，除了植物的外表，如果还能了解它们生长方面的特性，将更能提高庭院植物的存活率。比如说，植物都是有寿命的，既有只能存活一个季度的，也有能反复开花许多年的；有喜欢阳光的植物，还有不喜欢强光的植物；除了向上生长的植物，也有匍匐在地的、枝茎垂坠的植物，它们的生长方式多样。只有在了解植物的习性与生长状态后，适材适所地栽种植物，植物才能"发挥潜力"。且通过科学合理的种植，我们可以在日常管理中观察到日益美丽的庭院。

植物的生命周期

一年生草本植物

于春季、初夏、秋季、冬季更换

在这里，我们把寿命不超过1年的草花称为"一年生草本植物"，主要分为春季到夏季开花的和秋季到冬季开花的类型。一年生草本植物多为花色鲜艳的多花性植物，植株停止开花、叶片枯萎时，拔掉植物并换上新的植物。这项工作在1年中会进行几次，为了方便操作，最好把一年生草本植物种植在植栽区的前排。

一年生草本植物是仅存活单季的植物，其中也有能够形成种子，种子掉落后于次年自然发芽的"靠掉种子繁殖的植物"。容易繁殖的植物请参见第90~115页。

上图中开水蓝色花朵的是勿忘草，花朵从春季开到初夏，容易通过掉落的种子繁殖。株高为30~50cm。前排的花卉是品种多样、花色丰富的三色堇。

上图中从右到左依次为六倍利（深蓝色）、杂交矮牵牛（双色）、长星花（浅蓝色）、杂交矮牵牛（白色）。它们都是耐热性强的一年生草本植物。

85

球根植物

可根据品种来更换

球根植物很少出现开不了花的情况，所以推荐新手种植。一般来说，水仙、百合、原种郁金香等植物都是种下后能多年开花，而且可通过分球的方式来繁殖的。在光合作用下，这类植物会把营养从叶片输送至球根，所以应等到花后叶片变黄时再去掉叶片。不过，球根植物也有寿命仅为一季的。郁金香中的园艺品种就属于这一类，每年都需要种植新的。

左上图： 园艺品种的郁金香，只存活一季。
上图： 大花葱，基本上只存活一季。在某些条件下，第 2 年以后也能开花。
左图： 水仙，种下后每年都在繁殖。

左图： 杂交毛地黄，具有常绿性，可以一直种在地里，植株会变得粗壮起来，一年比一年好看；主要在初夏开花。
下图： 耧斗菜，于春季紧接着郁金香后面开花，每年通过掉落的种子来繁殖。

宿根草本植物

无须更换

休眠之前，植株地上部分的叶片会掉光，到了下次的生长期会再次萌芽。植株会逐渐变得粗壮，每年通过掉落的种子来繁殖。它们是高性价比的草花。种下后基本无须更换，所以种之前应想清楚种植的位置。其实按照宿根草本植物原本的特性，植株在某些气候条件下1~2年就会死亡，所以宿根草本植物有时也被当作"一年生草本植物""二年生草本植物"来种植。

植物的生命周期

树木

无须更换

树木会长大，移动起来特别麻烦，所以种之前就应想清楚种植位置。此外，我们必须确认树木长大后的株高和株形。全年有绿叶的常绿树落叶少，打扫起来很轻松，但树下可能会一年都晒不到太阳。而春夏枝繁叶茂、秋冬落叶的落叶树，则能够减弱对草花来说比较严峻的季节变化影响。每一种树木都必须进行修剪，以控制它们的株高和株形。

左图：灰叶稠李，是一种春季开白花、初夏结黑果、秋季展红叶的落叶乔树。
右图：加拿大唐棣，初夏会结出红色果实，是一种春季开白花、秋季展红叶的果树。

左图：藤本月季"保罗的喜马拉雅麝香"，也属于树木，且月季的绝大多数品种都会落叶。
右图：锦熟黄杨，具有常绿性，茂密的叶片很合适修剪成树木造型。

山梅花"美丽的星星（Belle Etoile）" 灌木
花期：初夏　株高：3m 左右

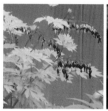 

左图：金心荷包牡丹　宿根草本植物
花期：春季～初夏　株高：60~80cm
右图：绣球"雾岛之惠"　灌木
花期：初夏～秋季　株高：80~100cm

左图：北美鼠刺　灌木
花期：晚秋～来年初夏　株高：1m 左右
右图：樱草　宿根草本植物
花期：春季　株高：15~20cm

左图：紫霞草　宿根草本植物
花期：初夏　株高：30~80cm
右图：藏报春　宿根草本植物
花期：春季　株高：15~20cm

栽培环境

适合半背阴处的植物

半背阴处也需要色彩

基本来说，植物无法在完全没有阳光的地方生存。不过，也有植物不喜强烈的阳光。这类植物即使在短时间的日照下也能开出美丽的花朵。对于偏背阴的庭院，我们可以从这类植物中来选择品种。种植叶片颜色鲜艳的植物，便能让空间明亮起来。这里为大家精选了可以在半背阴环境中栽培的植物。

虾脊兰　宿根草本植物
花期：春季　株高：30~50cm

藤本植物

打造立体的景色

茎柔软，无法直立生长的植物，需借助支撑物或其他植物才能向上生长。不管是一年生草本植物、宿根草本植物还是树木，每个种类中都有藤本植物，可以把它们牵引到庭院的栅栏、柱子等上打造美景。即便是在有限的植栽空间，藤本植物也可以利用纵向空间，所以它们尤其适合种于小空间，有时还能起到遮挡的作用。

紫色的花卉是宿根草本的铁线莲。它们生长旺盛，于初夏开花，冬季地上部分会消失。粉色的花卉是半藤本月季。

匍匐植物

能有效抑制杂草生长

这种植物的茎不会向上伸长，而是匍匐在地并向四面蔓延，它们也被称为"地被植物"。它们的植株高 10cm 左右，像地毯一样铺在地面，营造出一片美丽的风景。另外，匍匐植物不会给杂草可乘之机，因此能有效抑制杂草生长。它们还有抑制地面温度上升的作用。除了地栽，我们也可以把它们种在混栽盆栽的边缘，通过垂下的茎来营造自然的感觉。

上图：香雪球，除了盛夏和寒冬，能够一直开花。需要经常回剪。

下图：婆婆纳"梅莎夫人"（*Veronica petraea* 'Madame Mercier'），春季至初夏能开出大片淡紫色的小花。

衔接四季的植物图鉴

春

早春仍有一丝寒意，如果在庭院中种上成片开放的小花植物，便能营造热闹的氛围。另外，生长旺盛的球根植物也是不可或缺的。

宿根草本植物·半背阴·掉落种子
花期：1—3月　株高：约30cm
毛茛科

铁筷子
Helleborus

早春的植物大多株高矮小，而铁筷子是为庭院增加立体感的宝贵植物。除了单瓣品种，还有重瓣品种和半重瓣品种，花色也很丰富，非常容易繁殖。

球根植物·半背阴　花期：4—5月
株高：40~60cm　百合科

贝母
Fritillaria

贝母花瓣内侧有网状花纹，所以也叫作"网眼百合"。纤细叶片的尖梢会如藤蔓一般蜷曲起来。

球根植物·向阳　花期：1月至4月上旬
株高：15~20cm　石蒜科

围裙水仙
Narcissus bulbocodium

它是原种的迷你水仙，种下后每年都会开花。这种水仙比一般水仙更为小巧，早春会开出像喇叭一样的可爱花朵，有香味。

球根植物·向阳
花期：2—4月
株高：5~10cm

鸢尾科

番红花
Crocus

番红花是报告春天来临的代表性花朵，能在早春的阳光下开出一片鲜艳的色彩。番红花长叶片的时候，需要在日照充足的地方对其进行栽培。

球根植物·向阳
花期：2—3月
株高：5~30cm

石蒜科

雪滴花
Galanthus

雪滴花早春绽放的纯白色花朵就如雪滴一般。这种楚楚动人的球根花卉收获了众多园丁的喜爱。雪滴花适合种于夏季背阴、晚秋至来年春季能晒到太阳的位置，比如落叶树的下面。

一年生草本植物·向阳
花期：4—6月
株高：约40cm

豆科

羽扇豆"精灵之悦"
Lupinus
`Pixie Delight`

它在初夏会开出好似蝴蝶的花朵，是一种花穗较为紧凑的品种，花穗长度约为20cm，分枝能力强。也有宿根草本的品种，但在温暖地区被当作一年生草本植物栽种。

一年生草本植物·向阳·掉落种子
花期：3—6月　株高：5~10cm

十字花科

钻石花
Ionopsidium acaule

钻石花会接连开出淡紫色的小花，花期持久，容易栽培。可以将之种植在花坛边缘、用于混栽、当作地被植物等。钻石花非常容易繁殖。

宿根草本植物·向阳
花期：1月中旬至
5月、9月中旬至11月中旬
株高：20~80cm　菊科

骨子菊
Osteospermum

骨子菊会接二连三地开出亮丽的花朵。在夜晚或天气不好时，花朵便会合上花瓣。有多种多样的园艺品种，色彩相当丰富。

一年生草本植物·向阳·掉落种子
花期：1—4月　株高：10~50cm

报春花科

报春花"温蒂"
Primula malacoides
`Winty`

这是樱草的同类植物，能开出可爱又轻盈的花朵。秋季撒下种子后，来年早春便能开花。小花品种很容易通过掉落的种子繁殖。

*3—6 月的阳光还不算强烈，即便是原本喜好半背阴环境的一年生草本植物，此时也能在向阳处栽培。

一年生草本植物·半背阴·掉落种子
花期：4—5 月　株高：10~20cm　紫草科

粉蝶花"黑便士"
Nemophila menziesii
'Penny Black'

不同于一般的天蓝色粉蝶花，"黑便士"花朵偏小，为带有白色外缘的深色花朵。只要环境适合，它便能通过掉落的种子繁殖。

一年生草本植物·向阳
花期：4—5 月　株高：约 20cm　菊科

蓝菊"春日童话"
Felicia
'Spring Fairy Tale'

花色主要为淡蓝色，也有白色、粉色、紫色等。它分枝能力强，生长旺盛。

宿根草本植物·半背阴
花期：4—6 月　株高：20~30cm　紫草科

脐果草"星空之眼"
Omphalodes cappadocica
'Starry Eyes'

它开双色花朵，蓝色小花上有白色至浅蓝色的外缘。花朵比勿忘草的大，花期也更持久。

一年生草本植物·向阳·掉落种子
花期：4—5 月　株高：30~50cm　紫草科

蜜蜡花
Cerinthe major

蜜蜡花蓝绿色的叶片微微泛银，开渐变的蓝紫色花朵。它独特的花姿在庭院里引人注目，且非常容易繁殖。

宿根草本植物·向阳·掉落种子　花期：4月中旬至 5 月下旬　株高：30~40cm　毛茛科

朝鲜白头翁
Pulsatilla cernua

朝鲜白头翁颔首绽放的花朵与银色的叶片美丽极了。花后会形成被柔毛的果实。它在排水性好的地方可通过掉落的种子繁殖。

宿根草本植物·向阳·掉落种子
花期：3—5 月　株高：10~15cm　菊科

雏菊
Bellis perennis

花朵直径约为 2cm，黄色的花心配上白色的单瓣花，气质如原野般质朴。非常容易繁殖。

球根植物 · 向阳
花期：4—5 月　株高：80~120cm
天门冬科

糠米百合
Camassia

长长的花序上会形成许多花蕾，从下往上依次开出星形的花朵。花色有蓝色、紫色、白色等。植株强健且容易栽培。

一年生草本植物 · 向阳 · 掉落种子
花期：5—6 月　株高：40~60cm
十字花科

银扇草
Lunaria annua

银扇草在春季能开出大量紫色的花朵，强健，可在路边看到野生植株。它能通过掉落的种子来繁殖。

球根植物 · 半背阴
花期：4—5 月　株高：20~40cm
天门冬科

蓝铃花
Hyacinthoides non-scripta

在纤细的蓝紫色花穗上，花朵微微颔首开放。只要环境合适（比如落叶树下等），它便能够大量繁殖，成片开花。

宿根草本植物 · 向阳 · 掉落种子
花期：4—5 月　株高：5~10cm
石竹科

山蚤缀
Arenaria montana

植株上能开满白色花朵，枝条垂坠。它不喜高温高湿环境，因此在夏季过度潮湿的天气时期要格外上心。在排水性好的地方栽培它。

一年生草本植物 · 向阳 · 掉落种子
花期：4~6 月　株高：30~40cm
紫草科

楔叶脐果草
Omphalodes linifolia

白色的小花成簇开放，温柔恬静。它可以混栽或种在花坛，与其他花卉很好搭配。非常容易繁殖。

一年生草本植物 · 半背阴 · 掉落种子
花期：4—6 月　株高：15~20cm
沼沫花科

沼沫花
Limnanthes douglasii

花朵中间是黄色的，周围是白色的。这样的花让它有了"荷包蛋花"的名字。它能够长得很茂盛，适合被当作铺被植物或悬吊植物来栽培。

球根植物·向阳
花期：3—5 月　株高：15~50cm

毛茛科

重瓣欧洲银莲花
Anemone coronaria
forma. *flore-pleno*

艳丽的鲜红色"花瓣"一层又一层
地堆叠起来，样子华丽极了。它对
病虫害的抵抗力强，种下后可生长
多年，且开花能力强。

球根植物·向阳~半背阴
花期：3—5 月　株高：30~50cm

毛茛科

花毛茛"拉克斯"
Ranunculus 'Rax'

花瓣呈现如蜡一般的光泽，在阳光
下格外娇艳。在有些地区可以将之
一直种在土里，球根会逐渐长大，
且花朵数量每年都会增加。

一年生草本植物·向阳·掉落种子
花期：5—7月　株高：约30cm
茜草科

蓝花车叶草
Asperula orientalis

茎的顶部能开出清新的蓝紫色筒状花。茎柔柔细细的，叶片也细细的，整体给人纤细的感觉。只要环境适宜，它便能通过掉落的种子繁殖。

宿根草本植物·半背阴·掉落种子
花期：5—6月　株高：30~50cm
毛茛科

耧斗菜
Aquilegia

丰富的花色与花形颇具魅力。与纤细的外形相反，耧斗菜很强健，容易栽培。只要环境适宜，它便能通过掉落的种子繁殖。

宿根草本植物·半背阴·掉落种子
花期：5—6月
株高：10~60cm　蔷薇科

路边青"迈泰"
Geum 'Mai Tai'

它属于半重瓣品种，花色是独特的金棕色，花朵直径约为3cm。

球根植物·向阳
花期：4月　株高：10~20cm
百合科

亚麻叶郁金香"闪亮宝石"
Tulipa linifolia 'Bright Gem'

花姿动人，花色是明亮的奶黄色。它属于较矮的原种郁金香，种下后每年都能开花。

初夏

这是一年中庭院最鲜艳的季节，为庭院增色的植物也丰富了起来。要是您挑花了眼，不如先敲定今年的主题，然后根据它来做选择吧。

一年生草本植物·向阳·掉落种子
花期：5—7月 株高：70~100cm
紫草科

倒提壶
Cynoglossum amabile

它也叫作"中国勿忘我"，初夏能开出清新的水蓝色花朵，与勿忘草颇为相似。泛银色的叶片也是它的特征。只要环境适宜，它便能通过掉落的种子繁殖。

一年生草本植物·向阳·掉落种子
花期：4—6月 株高：30~80cm
花葱科

三色鸟眼花
Gilia tricolor

它有深色的花心与优雅的浅色花瓣，能开出大量的花朵。它喜好日照良好、偏干燥的地方。只要环境适宜，它便能通过掉落的种子繁殖。

一年生草本植物·向阳·掉落种子
花期：4—6月 株高：40~70cm
花葱科

球吉莉
Gilia capitata

纤细的茎上开着清爽的蓝色小花，密密麻麻地聚集成球状。也可以将花做成鲜切花和干花。只要环境适宜，它便能通过掉落的种子繁殖。

一年生草本植物·向阳·掉落
种子
花期：4月下旬至7月上旬
株高：40~100cm 毛茛科

黑种草
Nigella

轻盈的线状叶片之间开出蓝色
的花朵，色彩清新。花谢后的
样子也颇具魅力。非常容易
繁殖。

二年生草本植物·向阳
花期：5—7月 株高：50~100cm 桔梗科

风铃草 / 风铃草"凉姬"
Campanula medium / *Campanula* 'Suzuhime'

左图：风铃草的茎长得笔直，开出吊钟形的饱满花朵，有白色、粉色、
紫色等花色。
右图：风铃草"凉姬"开花性好，能开出清爽的天蓝色小花，笔直挺立
的株姿也格外美丽。它既可以用来充实花坛，也可以种在月季的下方。

宿根草本植物·向阳
花期：5—7月 株高：50~75cm 唇形科

林荫鼠尾草"卡拉多纳" / 林荫鼠尾草"雪山"
Salvia nemorosa 'Caradonna' /
Salvia nemorosa 'Snow Hill'

左图："卡拉多纳"笔直挺立的深褐色长茎上，开着蓝紫色的花朵，二者的
色彩对比极具冲击力。它花期持久，强健易栽培。
右图："雪山"是给人以清爽感觉的白花品种。小花开成密集的花穗。推荐
将之种进白色系的花园。若进行花后回剪，它便能反复开花。

宿根草本植物·向阳·掉落种子
花期：5—7月 株高：60~100cm
忍冬科

星芒松虫草"鼓槌"
Scabiosa stellata 'Drumstick'

茎伸长后，它会接连开出清爽的、
颜色非常浅的淡紫色花朵。花后的
样子很独特。只要环境适宜，它便
能通过掉落的种子繁殖。

球根植物·向阳
花期：5—6月　株高：80~100cm
石蒜科

黑韭
Allium nigrum

白色小花的中心是绿色的子房，花序为半球形花序，给人以精致的感觉。它也适合被当作月季园的下层植物。

一年生草本植物·向阳·掉落种子
花期：5—6月　株高：70~100cm
石竹科

麦仙翁
Agrostemma

修长的茎梢会开出白色或粉色的花朵。它们十分强健，以至于在欧洲是有名的麦田杂草。只要环境适宜，它们便能通过掉落的种子繁殖。

宿根草本植物·向阳
花期：5—6月　株高：20~150cm　毛茛科

高翠雀花类品种 / 翠雀"贝拉多娜"类品种
Delphinium elatum / *Delphinium* 'Belladonna'

左图： 高翠雀花一类的品种不喜高温高湿环境，在温暖地区被当作一年生草本植物栽培。长长的花穗上开满花朵，样子娇艳极了。

右图： 与高翠雀花一类的品种相比，"贝拉多娜"这类的品种的株姿更为精致，给人以纤细的印象。推荐将它们种在自然风格的庭院里。

一年生草本植物・向阳・掉落种子
花期：4月中旬至7月中旬
株高：15~80cm　罂粟科

虞美人
Papaver rhoeas cv.

虞美人花朵的颜色和形状都丰富多样。花瓣有单瓣的、重瓣的，花色有红色、粉色，还有覆轮等。开花之前谁都不知道花朵会是长什么样子，这样的惊喜也是栽培的一种乐趣。

宿根草本植物・向阳・掉落种子
花期：5—7月　株高：40~60cm
玄参科

毛蕊花"南方魅力"
Verbascum 'Southern Charm'

这是花色古典的杂交品种，花瓣与紫色的花心形成美丽的对比。花期持久，植株娇小。只要环境适宜，它便能通过掉落的种子繁殖。

一年生草本植物・向阳・掉落种子
花期：5—7月　株高：30~60cm
唇形科

彩苞鼠尾草
Salvia viridis

穗顶的苞片会像花瓣一样染上颜色，从初夏至秋季，可以观赏很长一段时间。花色有粉色、紫色、白色等颜色。只要环境适宜，它便能通过掉落的种子繁殖。

宿根草本植物・向阳・掉落种子
花期：5—7月　株高：约60cm
禾本科

芒颖大麦草
Hordeum jubatum

它是一种观赏草，嫩绿中透着粉色的穗很是好看。它在温暖地区被当作一年生草本植物栽培。只要环境适宜，它便能通过掉落的种子繁殖。

宿根草本植物·向阳
花期：5—6月　株高：60~80cm
车前科

黄花毛地黄
Digitalis lutea

它属于原种毛地黄，修长的茎上会开
出成串的花朵。它是宿根的多年生植
物，外形富有野趣，非常适合自然的
植栽风格。

宿根草本植物·向阳
花期：5—11月　株高：60~80cm
车前科

杂交毛地黄
Digitalis hybrid

杂交毛地黄分枝能力好于一般的毛地
黄，是被改良得更为强健的品种。花
期持久，种下后能观赏多年也是其一
大魅力。

宿根草本植物·向阳·掉落种子
花期：5月至7月上旬
株高：40~70cm　车前科

不列颠柳穿鱼
Linaria purpurea

这是开紫花的原种，花色与叶色形成
美丽的对比，且修长的花姿优雅极了。
有时也能通过掉落的种子繁殖。

宿根草本植物·向阳·掉落种子

花期：4—7月　株高：约50cm　报春花科

珍珠菜"薄酒莱"
Lysimachia atropurpurea 'Beaujo lais'

银色的叶片搭配深红色的花穗，古典的色彩格外好看。它也是一种常见的彩叶植物。只要环境适宜，它便能通过掉落的种子繁殖。

一年生草本植物·向阳　花期：5—7月

株高：50~120cm　花荵科

福禄考"焦糖布丁"
Phlox drummondii 'Creme Brulee'

福禄考分为宿根草本类和一年生草本类，而"焦糖布丁"属于一年生草本植物。它渐变的花色很是好看，花期也持久。

球根植物·向阳

花期：6—7月　株高：80~120cm

百合科

山丹
Lilium pumilum

它会长出纤细的茎，从下向上开花。尽管它看起来纤细而朴素，但朝着各个方向绽放的花朵如吊灯一般。

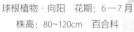

球根植物·向阳　花期：6—7月

株高：80~120cm　百合科

透百合
Lilium maculatum

黄色、橙色、红色等颜色鲜艳的花朵组成了一片亮丽的风景。在百合中，透百合算是十分强健、好养的一类。

树木·半背阴　花期：6—7月

树高：100~150cm　绣球科

乔木绣球"安娜贝尔"
Hydrangea arborescens 'Annabelle'

这是乔木绣球的园艺品种，能观赏到纯白色的大花球。花芽于春季形成，因此冬季也可以修剪。

宿根草本植物·向阳·掉落种子

花期：4—6月　株高：30~70cm　石竹科

布谷蝇子草
Silene flos-cuculi

它能开出大量纤细而美丽的粉色小花，花瓣带有缺刻。它耐热性和耐寒性强，植株强健，花期持久。有时也能通过掉落的种子繁殖。

宿根草本植物·向阳·掉落种子
花期：5—7月　株高：50~80cm
忍冬科

距缬草
Centranthus

大量的小花聚集在一起，构成伞房花序。开紫红色花朵的品种很是常见，但也有白花品种。有时也能通过掉落的种子繁殖。

球根植物·向阳　花期：5—6月
株高：约50cm　石蒜科

纸花韭
Allium cristophii

这是一种大型葱属植物。由星形花朵构成的花序，直径接近20cm。小花看起来都很纤细。

种子

宿根草本植物·向阳·掉落种子
花期：8—11 月　株高：40~60cm　忍冬科

魔噬花
Succisa pratensis

它能开出圆绒球一般的淡紫色花球。气温降低后，花朵的蓝色会浓郁起来，变得愈发醒目。

宿根草本植物·向阳·掉落种子
花期：6—8 月　株高：10~60cm　石竹科

长萼瞿麦"梅蒂亚"
Dianthus longicalyx'Metia'

给人温柔感的株姿搭配可爱的花朵，且香味也富有魅力。种类丰富，许多品种被用在了园艺之中。

球根植物·向阳　花期：5—6 月
株高：60~70cm　石蒜科

圆头大花葱
Allium sphaerocephalon

这是葱属的小花品种，能开出小小的花球。开花时间长，逐渐变深的紫色花蕾十分可爱。

宿根草本植物·向阳
花期：4 月中旬至 10 月　株高：20cm 以上
毛茛科

铁线莲
Clematis

铁线莲是一种广为人知的园艺植物，种类非常丰富。它们属于藤本植物，因此可以被牵引到架子上为庭院营造立体感。

盛夏

盛夏有酷暑，有暴雨，对植物和人来说这是个严酷的时期。栽种耐热性强的植物和无须摘残花的彩叶植物，便能让盛夏的庭院也美丽依然。

宿根草本植物·向阳·掉落种子
花期：5 月中旬至 8 月中旬　株高：20~120cm　菊科

蓍
Achillea

长茎的梢上小花成簇开放，形成彩色的面。除了白色，还有红色、粉色、黄色等花色。叶片上有小小的缺刻。

一年生草本植物·向阳
花期：4—11 月　株高：10~30cm
茄科

杂交矮牵牛
Petunia hybrid

杂交矮牵牛属于改良品种，没有了矮牵牛不耐雨水的弱点，植株更为强健，在夏日的强光下也能长得茂盛而饱满。花色很丰富。

一年生草本植物·向阳·掉落种子
花期：5—10 月
株高：30~100cm　茄科

烟草
Nicotiana

本属观赏类的品种的茎从莲座状的植株基部长出来，初夏至秋季，会开出白色、红色、粉色、绿色等星形的花朵。只要环境适宜，它们便能通过掉落的种子繁殖。

球根植物 · 向阳　花期：6—9 月
株高：80~100cm　菊科

蛇鞭菊
Liatris

花朵从花序的顶端开始绽放。修长的花穗很是好看，能够点缀庭院。强健易栽培。

宿根草本植物 · 半背阴 · 掉落种子
花期：6—9 月　株高：80~120cm
马鞭草科

多穗马鞭草
Verbena hastata

它属于宿根草本植物，能开出许多可爱的花朵。成片的植株随风摇曳的样子好看极了。它能通过掉落的种子繁殖。

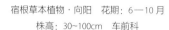

宿根草本植物 · 向阳　花期：6—10 月
株高：30~100cm　车前科

香彩雀
Angelonia

香彩雀分枝能力强，花朵能陆陆续续地从初夏开到秋季，观赏时间长。香彩雀耐得住高温和阳光直射，在半背阴处也能够生长，在日本被当作一年生草本植物栽培。

宿根草本植物 · 向阳　花期：5—11 月
株高：25~50cm　唇形科

蓝花鼠尾草"萨丽芳"
Salvia farinacea 'Sallyfun'

它能开出如薰衣草花一般清新的花朵。也有白花品种和双色花品种。它属于半耐寒性的宿根草本植物，经常被当作一年生草本植物栽培。

球根植物 · 向阳　花期：6—7 月
株高：30~150cm　石蒜科

百子莲"女王妈妈"
Agapanthus 'Queen Mum'

花序从茂密的叶片间伸出，能开出许多清凉感的花朵，样子颇为醒目。它也可以当作庭院的焦点植物，且强健易栽培。

一年生草本植物 · 向阳　花期：7—9 月
株高：20~80cm　菊科

迷你向日葵
Helianthus annuus

这是植株和花朵都迷你的向日葵，分枝能力强，夏秋之时，一棵植株能开出几十朵花。植株紧凑，很容易打理。

宿根草本植物 · 向阳 · 掉落种子

花期：6—9月　株高：40~150cm　菊科

金光菊 "城市探险"
Rudbeckia 'Urban Safari'

夏季，它能开出黄色、红褐色或黄色中带着红褐色花纹的花朵，对病虫害的抵抗力强，植株强健。

球根植物 · 向阳

花期：6月至10月中旬

株高：40~160cm　美人蕉科

美人蕉
Canna

美人蕉在炎热的盛夏也能茁壮生长，其大大的叶片间能开出色泽艳丽的花朵。不少品种的叶片颜色很美，因此美人蕉也是一种富有魅力的彩叶植物。

球根植物 · 半背阴~向阳

株高：10~30cm　天南星科

花叶芋
Caladium × *hortulanum*

带花纹的彩色心形叶片洋溢着热带风情，特别适合夏季观赏。它耐得住高温高湿环境，在背阴处、直射阳光下都可以栽培。图中的品种为"心连心"。

一年生草本植物 · 向阳

株高：20~100cm　唇形科

鞘蕊花
Coleus

这是可以观赏彩色叶片的彩叶植物，叶色异常丰富，相当艳丽，能够从初夏一直观赏到秋季。

宿根草本植物·向阳
花期：4—11月
株高：20~100cm
牻牛儿苗科

老鹳草"卡连特"
Geranium 'Caliente'

鲜艳的叶片与红色的花朵形成美丽的对比，它是与藤叶天竺葵组杂交出的品种。茎像垂枝一样向四面扩散生长。

宿根草本植物·向阳
花期：5—10月　株高：80~120cm
马鞭草科

马鞭草"苏贝纳"
Verbena 'Superbena'

大量小花成簇开放，看起来像手鞠球一样。它属于马鞭草的改良品种，花球更大更鲜艳。它对高温、疾病的抵抗力也强，强健易栽培。

一年生草本植物·向阳
花期：5—11月　株高：10~80cm
夹竹桃科

长春花
Catharanthus roseus

长春花喜欢高温与阳光，是一种不畏干燥的强健植物，对夏季的花坛来说不可或缺。近年来也推出了许多花形富有个性的品种。

宿根草本植物·向阳·掉落种子
花期：6月中旬至8月　株高：30~100cm　菊科

松果菊
Echinacea purpurea

其特征是呈放射状的花朵的中心高高隆起，鼓成了球状。开花时间长，能为夏日的花坛增添色彩。

一年生草本植物·向阳
花期：5—11月　株高：15~70cm
苋科

千日红"爱爱爱"
Gomphrena 'Love Love Love'

可以观赏到圆形的苞片，颜色有紫色、粉色、白色、黄色、红色等。开花时间长，容易栽培。

宿根草本植物·向阳
花期：6—9月　株高：60~120cm
花荵科

宿根福禄考
Phlox

宿根福禄考是在少花的盛夏也能开出一大片花的珍贵植物。它们强健，易栽培，长成大株后的样子十分好看。

秋

本季庭院中的花朵再次丰富起来。随着气温的降低，有些草花像枫叶一样变了颜色，请好好欣赏这样的变化吧。

一年生草本植物·向阳·掉落种子
花期：6—11月
株高：50~120cm 菊科

波斯菊
Cosmos bipinnatus

波斯菊是点缀秋季的代表性一年生草本植物，花色丰富，有粉色、白色、深红、黄色、橙色等。它不怎么受环境影响，能通过掉落的种子繁殖。

球根植物·半背阴
花期：10月至来年3月 株高：5~10cm
报春花科

原种仙客来
Cyclamen coum / Cyclamen hederifolium

这些仙客来在地表附近开花，花朵小小的，朴素而可爱。叶片于来在初夏枯萎，然后植株一直休眠到秋季。只要环境适宜（比如在落叶树下等），便能通过分球（球根）大量繁殖。

球根植物·向阳
花期：6月中旬至11月
株高：20~200cm　菊科

大丽花
Dahlia

从大花品种到小花品种，从单瓣品种到特殊花形的品种等，大丽花种类相当丰富，在花园中引人注目。尽管夏季容易染上白粉病，但它们到秋季就会恢复活力。

宿根草本植物·向阳
花期：9—11月
株高：30~70cm　菊科

菊花
Chrysanthemum sp.

这是株姿紧凑的小型菊花。花朵也小小的，很是可爱，但花色极具个性，在混栽植物中格外突出。花朵的保鲜度良好。

树木·向阳
花期：10—12月
株高：因品种而异　蔷薇科

月季
Rose

虽然秋季月季花量不如春季时，但在凉爽的气候下，月季的开花速度变慢，颜色更加鲜艳。此时容易开出饱满的花朵。

一年生草本植物·向阳·掉落种子
花期：5—11月
株高：15~150cm　苋科

青葙
Celosia argentea

它以"鸡冠花"的名字为人所知，人们可以观赏到形状如蜡烛的花朵。它耐热性强，只要环境适宜，便能通过掉落的种子繁殖。

一年生草本植物·向阳

花期：7—10月　株高：25~30cm　菊科

万寿菊"火球"
Tagetes erecta 'Fireball'

它开重瓣花，如烈焰燃烧的红色花朵十分迷人。开花过程中，花色会逐渐变为橙色，所以通过一棵植株就能观赏到几种花色。

宿根草本植物·向阳·掉落种子

花期：9—10月　株高：60~120cm　菊科

堆心菊
Helenium autumnale

正如它的名字，它的花朵的中心向上隆起成一团。它分枝能力强，能开出大量花朵。只要环境适宜，它便能通过掉落的种子繁殖。

一年生草本植物·向阳

花期：6—10月　株高：20~30cm　夹竹桃科

迷你长春花
Catharanthus roseus

植株上能开出大量花朵直径约为2cm的可爱小花。这是夏季花期持久的长春花的极小轮品种。尽量将其种在向阳处。

树木·向阳

观赏期：10月至来年1月　株高：30~50cm　茄科

珊瑚樱
Solanum pseudocapsicum

果实的色泽跟迷你番茄一样鲜艳。随着果实的成熟，果皮会变成黄色、橙色、红色。它耐寒性弱，在寒冷地区被当作一年生草本植物种植。

一年生草本植物 · 向阳
花期：7—9 月　株高：15~70cm　苋科

千日红"QIS 胭脂红"
Gomphrena 'QIS Carmine'

可以观赏到圆圆的苞片，颜色有紫色、粉色、白色、黄色和红色。它开花时间长，容易栽培。

宿根草本植物 · 向阳
花期：5—11 月　株高：20~160cm　唇形科

鼠尾草"摇滚"
Salvia 'Rockin' Roll'

它是耐得住酷暑，耐寒性也有所提升的鼠尾草改良品种，开花时间长，可从春季开到降霜时节。植株能长成冠幅约为 1m 的大株。

球根植物 · 向阳　花期：10 月中旬至 12 月中旬
株高：30~40cm　石蒜科

纳丽花
Nerine

花瓣如宝石般闪耀，因此它有另一个名字"钻石百合"（Diamond Lily）。它们耐寒性弱，冬季养护时要避免其受冻。

树木 · 向阳
花期：4—5 月　株高：2~3m　蔷薇科

涩石楠
Aronia

涩石楠是容易栽培的一种果树，春季会开出粉色或白色的小花，秋季会结出黑色或红色的果实。果实可以制作成果酱或者酿成果酒。

宿根草本植物 · 半背阴 · 掉落种子
花期：5—10 月　株高：30~50cm　牻牛儿苗科

老鹳草"比尔·沃利斯"
Geranium pyrenaicum 'Bill Wallis'

它的植株较矮，横向扩张。观赏时间长，春秋期间能成片开出花朵直径约 2cm 的蓝紫色小花。在有些地方，它能通过掉落的种子繁殖。

一年生草本植物 · 向阳 · 掉落种子
花期：7 月至 10 月上旬　株高：60~120cm　白花菜科

醉蝶花
Tarenaya hassleriana

长长的雌蕊和雄蕊伸出花朵，优雅得就如在风中起舞的蝴蝶。深粉色的花蕾绽放后，颜色会逐渐变浅。

冬

尽管花卉的种类变少了，但有很多像三色堇、羽衣甘蓝等颜色或形状比较丰富的植物，庭院并不缺少装饰素材。

二年生草本植物·向阳
花期：4 月　株高：5~100cm
十字花科

羽衣甘蓝"闪耀白"
Brassica oleracea var. *acephala* ‘Flare White’

它是彩叶植物，其叶片颜色是冬季庭院中难得一见的色彩。植株外形美得像月季花一样，尤其适合混栽。

宿根草本植物·向阳
花期：5 月　株高：10~60cm
菊科

雪叶菊"银色蕾丝"
Senecio cineraria ‘Silver Lase’

这一品种在雪叶菊中属于缺刻较深的，叶片就像蕾丝一样美丽。银白色的茎叶很适合冬季的混栽景观。

宿根草本植物・半背阴・掉落种子
花期：1—2月　株高：20~30cm
毛茛科

黑铁筷子
Helleborus niger

这是铁筷子的原种，比其他的杂交品种更早开花，花色为清纯的白色。"Christmas Rose（圣诞玫瑰）"原本是黑铁筷子的英文名称。

树木・向阳
花期：4—11月　树高：10~100cm
蔷薇科

微型月季
Rosa

这些灌木性月季继承了小月季（*Rosa chinensis* var. *minima*）的娇小特性。紧凑的植株上，能开出极小轮至中小轮的花朵。

球根植物・向阳
花期：12月至来年3月
株高：15~20cm
石蒜科

纸白水仙
Narcissus papyraceus

除了雄蕊，连花朵的中心都是白色的。它是一种在冬季绽放的纯白色美丽水仙。花朵虽小，但它能成簇开出大量花朵。

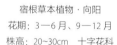

宿根草本植物・向阳
花期：3—6月、9—12月
株高：20~30cm　十字花科

改良园艺香雪球
Lobularia

改良过的香雪球园艺品种耐热性和耐寒性都很强。尽管盛夏和隆冬时花量会变少，但小花能汇聚成手鞠球一样的形状。

一年生草本植物・向阳
期：10月下旬至来年5月中旬
株高：10~30cm　堇菜科

三色堇
Viola

秋季至来年初夏，这种花卉能
时间地点缀庭院，冬季尤其少
了它。三色堇品种特别多，花
的颜色和形状都十分丰富。

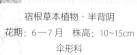

宿根草本植物・半背阴
花期：6—7月　株高：10~15cm
伞形科

水芹"火烈鸟"
Oenanthe javanica 'Flamingo'

冬季也能欣赏到叶子上粉色、奶油色的斑纹。而且，春季时叶色很鲜艳。生长时植株向四面扩张，所以它也能被当作地被植物。

树木·半背阴
花期：10月至来年4月
树高：30~80cm　芸香科

日本茵芋"风疹"
Skimmia japonica 'Rubella'

于秋季形成花蕾，一直到来年春季开花前，都能长时间地欣赏到一颗颗小小的花蕾。结果的雌株是热门的园艺植物。

树木·向阳
花期：5—11月　树高：30~70cm
芸香科

柳南香
Crowea

星形的花朵很是可爱。这种植物在日本也很好栽培，是冬季混栽用的重要植物，适合种植在避开霜雪的屋檐下等处。

树木·向阳
花期：6—9月　树高：20~80cm
杜鹃花科

帚石南
Calluna vulgaris

它是欧石南近缘种。植株茂密而饱满，整根枝条上会开满花朵，看起来就像花穗一样。种类很丰富。

球根植物·半背阴
花期：10月至来年3月
株高：10~20cm　报春花科

园艺仙客来
Cyclamen persicum

与普通的仙客来相比，园艺仙客来的耐寒性更强，冬季也可以室外地栽。有白色、粉色、红色等花色。

树木·向阳
花期：11月至来年4月
树高：约70cm　杜鹃花科

欧石南"白色喜悦"
Erica 'White Delight'

在种类丰富的欧石南中，它属于冬季开花的品种。细长的白色筒状花会逐渐呈现粉色，并形成铃铛的形状。植株能长成紧凑的灌木状。

树木·向阳
花期：5—6月　树高：50~100cm
杜鹃花科

尖叶白珠
Gaultheria mucronata

正如它的别名"珍珠树"一样，尖叶白珠在初夏开花，秋季结出鲜艳的圆果，可以观赏一整个冬季。果实有红色、白色、粉色等颜色。

宿根草本植物·向阳
花期：4—6月　株高：30~40cm
车前科

金鱼草"双生"
Antirrhinum majus 'Twinny'

有分量感的饱满花朵颇为醒目，很适合为庭院、混栽景观增添色彩。花色很丰富，有鲜艳的单色和柔和的冰淇淋色系等。

宿根草本植物·向阳
花期：5月至来年1月
株高：60~70cm
菊科

鬼针草
Bidens

鬼针草能开出黄色或白色的花朵。除了隆冬和盛夏，鬼针草可以长时间地开花。过冬时要避免植株受冻。

一年生草本植物·向阳
花期：3—5月　株高：20~80cm
十字花科

紫罗兰
Matthiola incana

紫罗兰花色丰富，有红色、紫色、粉色、白色等，花朵分为单瓣花和重瓣花，且香气甜美。因为不耐高温，紫罗兰在日本基本被当作一年生草本植物栽培。

宿根草本植物·向阳·掉落种子
花期：10月至来年6月
株高：40~60cm　忍冬科

蓝盆花"蓝气球"
Scabiosa 'Blue Balloon'

这是一种自然生长在日本山野的宿根草本植物。浅紫色的优雅花朵从秋季一直开到来年初夏。结种时的样子很有个性。

一年生草本植物·向阳
花期：2—5月　株高：20~50cm
菊科

金盏花"金发美人"
Calendula officinalis
'Bronze Beauty'

这是一种色彩典雅的金盏花，花瓣正面颜色与背面的茶色形成美丽对比。冰霜会对花瓣和叶片造成伤害，因此需要注意。

宿根草本植物·向阳·掉落种子
花期：10月至来年6月
株高：10~40cm　玄参科

龙面花
Nemesia

近年来，市面上出现了许多宿根型的龙面花，它们可以种植好几年。花色有蓝色、白色、粉色等。只要环境适宜，它们便能通过掉落的种子繁殖。

115

对植物有益的园艺工具

这里介绍的园艺工具使用方便又好用，能帮助植物健康美丽地成长。

植物支架

很多植物的植株长大后会开出大量的花朵，有时茎会因花朵的重量而弯折。像花毛茛"拉克斯"、水仙、芍药、大丽花等花朵大、花量多的植物，是我们尤其需要关注的。对于多茎植物，不建议使用支柱，而是使用能够支撑整棵植株的植物支架。植物支架类型丰富，有的应在植株没长大时安装，以便让植株在支架中长大。也有半圆形的植物支架等。

支柱与装饰帽

像翠雀这种长茎直立的植物，都需要为之安装支柱。只要使用竹子等天然素材制作的支柱，就不会显得突兀，也不会破坏庭院的氛围。不过专心沉浸在园艺工作中时，有可能会忽视支柱而造成不必要的伤害。为了防止这种危险的情况发生，我们可以使用装饰帽（一种套在支柱顶部的、像帽子一样的装饰品）。这样很安全，且装饰帽看起来还有点儿可爱。也有已经套好了装饰帽的铁制支柱。

花盆垫脚

垫脚应放在花盆的底部，能起到使花盆与地面拉开间距的效果。哪怕只是 1cm 的间距，盆栽的排水性和通风性也好过花盆紧贴着地面时，这样更有利于植物生长。日本有高温高湿气候，那里制造的花盆本来底部就有缝隙。如果用的是底部没有缝隙的花盆，可以配合使用这种垫脚。

水管固定器

使用长水管浇水时，水管有可能掉进植栽区里，一不小心就可能会碰倒珍贵的植物。为防止这样的意外发生，我们可安装水管固定器来固定水管。可每次拿出水管固定器，用完再收回去很麻烦，不如选择那些可以直接插在土里的、有设计感的款式吧，这样就能使之毫不突兀地融入庭院风景。

让庭院工作
更省力的园艺工具

种植、拔除、修剪……下面介绍进行庭院园艺工作所需的工具。价格不在高，关键在选择自己用起来顺手的工具。

修剪工具

❶枝剪：能够修剪月季等植物的硬枝条。❷花剪：修剪纤细柔软的草花茎或摘除月季残花时，用尖头的剪刀比较方便。❸小型园艺手锯：用于修剪较粗的枝条。❹中枝剪：没有高枝剪那么长，用起来更加方便，不必走进植物丛中就剪到贴着墙壁的花朵。

除草工具

除杂草的窍门在于勤观察、勤清理，尽量在杂草没长大时就将之除掉。要想清除地缝等处长出的杂草，最好用尖头的镰刀。使用叉子状的除草工具时利用了杠杆原理，可以彻底清除顽固的杂草。

挖掘工具

❶ 小型园林叉。 ❷ 小铁锹：为庭院整土时，大号的铁锹和园林叉很有用，但种植完成后，还是小号的用着更灵活方便。❸ 球根挖洞器：挖种球根用的坑时可以避免伤及其他植物。❹ 手产：种植、移栽的必需工具。❺ 自制桶铲：用塑料瓶自制的桶铲虽然不适合用于挖土，但在进行混栽时，可以用它一次性向花盆里加入足量的土壤。

丢弃类工具

❶ 废物袋：当月季花开败时，有大量的残花等着我们摘除。单手拿着篓子、塑料袋会不方便行动，不如把上图中的废物袋挂在腰上装残花，工作起来更有效率。❷ 园林落叶袋：这是用于收集枯草、落叶的可折叠垃圾袋。其内有弹簧，袋子可以直立起来，轻巧又方便。

水管收纳架

浇水是庭院园艺的日常工作，打结的、缠绕的水管很让人头疼。而灌了水的水管沉甸甸的，要想把它轻松缠绕起来，就必须备一个稳定性好的水管收纳架。若选择有设计感的款式，还可以将之直接摆在庭院里，省去了收纳的工夫。

提升工作效率的
园艺装备

在做园艺工作时我们可能要蹲下、搬运、拉扯，会大幅度地活动到身体。下面介绍一些帮助我们轻松从事庭院园艺工作的装备。

手套

如果直接用手接触土壤，特别容易令手部皮肤变得干燥。虽然有专用的园艺手套，但如果在棉手套外戴一副大小刚好的塑胶手套，手指活动将更加灵活，更容易处理绳子等物品。不过，在接触带刺的月季时，我们必须戴好皮手套。

护膝

许多园艺工作都需要我们跪地操作。护膝能防止膝盖被弄湿、弄脏，也能避免膝盖疼痛，让工作变得轻松起来。

手帕

擦汗的时候，推荐使用速干的轻薄手帕。不少手帕都印有独特的图案，收集喜欢的手帕也是一种乐趣。

分趾鞋

进入植栽区时，穿分趾鞋更方便行动。带鞋跟的长靴会在植栽区柔软的土壤上留下坑洞，进而改变水的流向等。

园艺围裙

由于庭院园艺工作会用到很多小物件，推荐穿着口袋多、不易皱、方便行动的园艺围裙。

第 3 章

12 个 月 的 庭 院 园 艺 工 作

本章按月归纳了一年的庭院园艺工作。

园艺工作的对象是大自然，

所以遵循自然规律是铁则。

植物的购买、种植、修剪等，凡事都有"适宜的时期"。

只要不错过适宜的时期，几乎任何园艺工作都能顺利推进。

像看日历一样翻到每月对应的页面，

来确认工作的内容吧。

但由于地域差异，各地每年的气温和季节变化都有所不同，

所以还是建议您记录属于自己的园艺日记。

这样，应该能够做出一份为自家庭院量身打造的、

理想的园艺日历。

园艺月历

3月

March

3月庭院的模样

地面一天天地从茶色变为绿色，原种仙客来、葡萄风信子、番红花等小球根植物和报春花类植物开始为庭院增添色彩。这个季节的植物大多矮小，铁筷子能通过它丰富的花色和柔美的外形令庭院变得艳丽起来。3月过半

后，郁金香和勿忘草开花了，庭院更加缤纷多彩。园艺店里的花苗种类也变多了，骨子菊、矮牵牛每年都会推出魅力十足的新品种，不妨进店去瞧一瞧吧。尽管草花丰富了起来，可讨厌的杂草也开始生长了。我们应趁杂草没有长大、根扎得不深的时候就将之清理干净，这样会比较省力。这一时期，勿忘草等通过掉落的种子繁殖的植物的种子也开始发芽了。清理杂草时，注意不要把它们当成杂草。随着气候转暖，三色堇的花量在不断增加，开花的速度也比2月快了许多。为了延长花朵的寿命，还请您勤摘残花。

3月的主要工作

除虫

3月5日是"惊蛰"，是冬季蛰伏的昆虫们又开始活动的日子。首先出现的是蚜虫，但蚜虫天敌众多，如瓢虫、食蚜蝇的幼虫等，因此不用太在意。但需要注意，肥料过多、通风不佳时，蚜虫可能会过度繁殖。这一时期最需要注意的昆虫是象鼻虫。明明也没有缺水，月季新芽的芽梢却突然枯萎了，无疑就是这种害虫造成的。处理方法可参考第156页内容。蜘蛛是象鼻虫的克星，所以发现蜘蛛后不要将之赶走，悄悄地观察就行了。

这是骨子菊的混栽盆栽。

要点！ 立春至春分，会刮起强劲暖南风。植物遇风后容易缺水，因此强风过后要留意其状况。新种植的苗也容易萎蔫，可以用活力剂来帮助根系尽快发育。

时期拔除勿忘草，或将之连根挖起并移栽到其他地方。参见第154页。

提高存活率的定植方法

春季，园艺店的一年生草本植物和宿根草本植物的种类变多了。早春风势强，刚种下的花苗有时可能因干燥而死亡。种植之前，先把苗（连带育苗盆）浸泡在加了活力剂的水中，令根系充分吸水。这样便能提高苗的存活率。

庭院施肥

此时草花即将进入生长的旺盛期，为整座庭院的植物施肥吧。参见第150页。

施液体肥料

生长期的盆栽植物也会迅速消耗养分，浇水的同时，也定期施液体肥料吧。参见第144页。

摘残花

残花数量与开花的数量成正比，也会相应变多。勤摘残花，以维持庭院美观。参见第146页。

开始清除杂草

奇妙的是，庭院草花的旁边往往会长出外形相似的杂草，您千万不要上当。只要仔细观察，就能慢慢分辨出杂草。参见第143页。

春季花艺

到了3月中下旬，铁筷子就微微过了盛花期。保留花朵会消耗植株养分，我们最晚应在5月把全部花朵剪掉。不如趁现在花朵颜色还鲜艳，把它们做成花束吧。在40℃左右的温水中修剪花茎，可以延长花朵的保鲜期。制作好花束后，便能看清楚花朵颔首绽放的模样了。

勿忘草的移栽

中下2年后，通过掉落的种子繁殖的勿忘草在庭院的各个角落冒出了芽。放任它们开花的话，庭院会变成一片勿忘草花田，也会妨碍其他植物生长。我们要采取措施控制其长势，比如在适宜的

园艺月历

4月

April

4月庭院的模样

主角从铁筷子变成了郁金香、欧洲银莲花、花毛茛，其间穿插着三色堇、勿忘草、雏菊等小花。庭院华丽得像一大块印着植物印花的布匹，完全是一副春光烂漫的样子。三色堇比3月时更加茂盛，但这却使得通风变差了。而冬季混栽的盆栽的根系，此时也挤满了花盆。不佳的通风会引来蚜虫等害虫，所以需从基部开始为密集绽放的花卉进行修剪以通风，还可以把剪下的花朵用于花艺等。此时庭院园艺的工作量也在逐渐增加。把除草、驱虫、浇水、摘残花当作日常工作吧。到了本月中下旬，月季的花蕾饱满了起来，在5月开花前，我们将度过满心期待的每一天。然而，令人扫兴的害虫也多了起来。尽量做到早发现、早处理，将损害控制在最低程度吧。

4月的主要工作

摘残花和更换植物

混栽盆栽变得拥挤起来。勤摘残花的话，三色堇便能开到5月，但我们还是逐渐拔掉株姿潦草的植株，把它们更换成矮牵牛、舞春花等下个季节开花的花卉吧。

购买矮牵牛

园艺店里有大量的矮牵牛，它们色彩多样，花形也十分丰富，花朵从重瓣的到迷你型的应有尽有。矮牵牛属于长寿的一年生草本植物，回剪后能一直观赏到秋季，所以不妨多买一些进行混栽或将之种进花坛吧。

小心蜂类

会有各种各样的蜂类光顾庭院。最常见的是蜜蜂，它们痴迷于采集花蜜，对人类毫无兴趣。即使蜜蜂在您旁边也不用害怕。蜜蜂会帮忙授粉，是助力果树结果的好帮手。然而，胡蜂对人具有攻击性。它们会对黑色产生反应，所以进庭院时不要穿黑色的衣服。蜂类可能在茂密的灌木丛中筑巢，不要贸然把手伸进树丛。参见第 159 页。

安插支柱

3 月种植的一年生草本植物和宿根草本植物都长大了。纤细的茎可能会被风吹倒，因此立好支柱为它们提供支撑吧。支柱的高度要与株高相宜——起初短短的，随着植物的生长，慢慢换成长支柱。参见第 145 页。

购买绣球

此时园艺店上架了各种各样的绣球苗。花色丰富、枝叶繁茂的绣球，也是 5 月的第二个星期日——"母亲节"的热门礼物。即使在半背阴的庭院里，绣球花也能形成难得一见的艳丽色彩。现在推出了很多花期持久的品种，它们不仅在梅雨季开花，花朵还能一边变色一边开到秋季。不妨亲自进店去看看有什么新品种吧。

除虫

月季植株上开始出现叶蜂的幼虫。一旦在叶片上发现斑点，就要翻过叶片来看看背面有没有幼虫。参见第 156 页。

百合开始发芽后，要留意百合泥虫。红色的成虫比较显眼，幼虫会裹着自己的粪便进行拟态。参见第 158 页。

板蛾开始出没。它们长大后会把花蕾啃食干净，因此应在幼虫时期将之驱除。参见第 157 页。

125

5月庭院的模样

这是庭院一年中最美丽的季节。百花齐放，5月的庭院弥漫着月季甜美的香气。月季的香气在清晨花朵刚绽放的时候最为浓郁。近年的研究表明，月季的香气能使人产生幸福感。千万别错过这个机会，早起感受一下月季的芬芳吧。5月的小长假期间，天气有时突然热得像夏季时一样。盆栽会因此干得比较快，这时就需要我们多多观察，避免盆栽缺水。如果假期不在家，为了防止缺水，我们可以用自动灌溉机为盆栽月季、混栽盆栽等进行浇水，或者委托信得过的人来照看植物。毕竟生长期缺水会对植物造成严重的伤害。要是两种方法都做不到，也可以把盆栽转移至背阴处，充分浇水至托盘积水，这样便能尽可能地防止植株枯萎。做园艺工作时，防蚊是必不可少的。庭院专用的粗蚊香燃烧时间长，用起来比较方便。还有就是，别忘了防晒。

5月的主要工作

在庭院中使用蚊香

本月全是摘残花、整理春季花卉等庭院园艺工作。进庭时准备好蚊香吧，防蚊喷雾很容易被汗水冲走的。除了摆放型的蚊香，还有挂在腰上的挂件款蚊香。

紫外线防护措施

5月的阳光变得强烈起来，从事庭院园艺工作的时候，认真做好防紫外线的措施吧。不光是皮肤，头发一直暴露在紫外线下的话，也会因受损而变得干枯粗糙。选择那些头发也能用的防晒用具 / 喷雾吧。

所以我们需在 5 月上旬拔掉它们。空出来的地方就种植六倍利、长星花、千日红、马鞭草等耐热性强的花卉吧。混栽植物也需要换成适合夏季种植的花卉。

拔掉园艺品种的郁金香

园艺品种的郁金香第二年很难再开花，因此要在花后连同球根一起拔掉。原种的郁金香每年都能开花，可以直接保留。

花后的球根管理

原种的郁金香和水仙来年都能开花，所以可以留在庭院中，不必拔除。而这一时期，球根的饱满程度将决定来年春季的开花状态。叶片的光合作用能产生球根所需的营养，因此我们应保留叶片，直到它们自然枯萎。如果株姿过于混乱，也可以将植株捆起来。此时，耧斗菜等宿根草本植物正茁壮生长，能够掩盖球根植物逐渐枯萎的叶片，不用太担心这些叶片会影响美观。

为月季修剪残花

假如天气预报显示次日降雨，哪怕月季花仍开得鲜艳，也趁早剪下花朵做花束吧。掉落的花瓣被淋湿后会变得滑溜溜的，走路时需要小心。另外，其他草花沾上淋湿的花瓣后，可能会因此生病，所以应把花瓣清理干净。

制作月季花酱

采摘清晨的月季花来制作月季花酱吧。参见第 35 页。

庭院摄影

从各个角度去拍摄庭院最美的时候吧。这也是来年制订庭院计划的重要资料。

留意害虫

象鼻虫、叶蜂的幼虫、夜蛾、百合负泥虫等各种害虫本月都开始活动，驱虫是我们每天必做的工作。有时会出现几年出现一次的美国白蛾，多多留意蛛网状的幼虫巢穴吧。参见第 158 页。

为铁筷子剪花茎

铁筷子看着像花瓣的部分，其实是萼片。虽然其萼片不会像花瓣那样掉落，但我们还是应在 5 月剪去花茎。否则铁筷子会形成种子，这将消耗植株的养分，进而使其难以挺过夏季。为防止发生疾病，我们应选在连续多日放晴的时候，把植株修剪至地表附近。盆栽需要转移到避开西晒的位置。需要注意的是，本月是新叶长大的时期，蒸腾作用会使得植株容易缺水。

拔掉三色堇

此时，从冬季开始绽放的一年生草本的三色堇已"寿终正寝"，

园艺月历

6月

June

6月庭院的模样

绣球、百合、大丽花和百子莲开始开花了。月季即将结束花期，除了用于欣赏蔷薇果的植株，其余的都应为之摘除残花。进行园艺工作时，记得带上塑料瓶或水壶，随时给自己补充水分。使用鼠尾草、百日草、马鞭草、千日红等耐热性强的植物，把混栽景观装扮成夏日的模样吧。虽然许多时候会因为梅雨而无法打理庭院，但这也是草花旺盛生长的时节。做好回剪或疏枝工作，以改善通风。此时的杂草也开始疯长。长到一定程度的杂草扎根较深，难以拔除，但下雨的第二天土壤会变得松软，拔起来相对容易。本月，白斑星天牛（Anoplophora malasiaca）、黄刺蛾、百合负泥虫等高危害昆虫变多了。而在梅雨期，蛞蝓和夜蛾也多了起来。二者都是夜行性的，白天潜伏在盆底或土壤中，所以一旦发现遭啃食的花朵和叶片，就赶紧在这些地方找出它们并进行驱除。

6月的主要工作

警惕百合负泥虫

这是百合美丽绽放的时期，但变为成虫的百合负泥虫会疯狂啃食百合，花蕾甚至可能一夜间消失无踪！为了不给自己留下遗憾，在百合开花前，我们需一直留意红色的虫子。参见第 158 页。

回剪

珍珠菜"薄酒莱"等从春季到现在的花卉，花茎已经伸得长长的，株姿变得杂乱不堪。对过长的茎进行回剪，整理一下植株吧。回剪后，植株便能反复开花。

要点！ 梅雨期来了，气候变得潮湿起来。从 6 月到降温的秋季，改善通风可谓十分重要。如果为了防止植株倒伏而用绳子捆住茂密的植株，那样看起来不美观，还是进行疏枝或者回剪吧。

月季的花后养护

开完二茬花后，四季开花性月季也将暂时"休息"到秋季。为植株摘残花、修剪，施"礼肥"吧。开花会消耗植株的能量，而且有的植株会因为黑斑病而落叶，无法进行光合作用。施"礼肥"便是为了给"疲惫"的月季补充能量。而且，把添加了活力剂的土壤改良材料铺在表土上，就能同时实现施肥、防暑、预防泥土飞溅等，实用性极强。

草花的施肥和修剪

从初夏开到秋季的长萼瞿麦"梅蒂亚"、杂交毛地黄等花期持久的草花也需要施肥，施肥原因和月季的一样。叶色变糟等症状是缺肥的信号。盆栽植物尤其需要定期施肥。分枝后大量开花的植物，其植株内部容易变得枝叶错杂。通过适当的修剪来改善通风，同时也能预防病虫害的发生。

左图：长萼瞿麦"梅蒂亚"。
右图：杂交毛地黄的二茬花。

留意黄刺蛾的幼虫

本月会出现黄刺蛾的幼虫。它们潜伏在月季的叶片背面等位置，但月季的刺扎人，进行修剪等工作时一定要小心。参见第 159 页。

捕杀白斑星天牛

本月是白斑星天牛现身庭院的时期。这种虫子体长 3~4cm，黑色的躯干上长着白色的斑点，还有一对长触角，外形特别显眼。它们会在枝干里面产卵，幼虫将啃食月季的成株和其他树木。白斑星天牛能导致植株枯萎，所以发现成虫后应立即捕杀。参见第 157 页。

浇水时避免土壤过度潮湿

梅雨期多阴天，盆栽土壤的干燥情况变得不规律起来。土壤过度潮湿会引发根系腐烂和疾病，因此应先仔细确认表土的干湿状况，再于晴天进行浇水。水要浇在植株的基部，以免弄湿叶片和茎。参见第 144 页。

夏季花卉的定植

艺店上架了迷你向日葵和万寿等夏季花卉。选择耐热性强的植物，一步一步把庭院和混栽盆都改造成夏日的模样吧。

园艺月历

7月

July

7月庭院的模样

百子莲、迷你向日葵、松果菊、宿根福禄考、金光菊、百日草等植物为夏日的庭院增添了色彩。出梅后（梅雨期结束后），阳光变得强烈起来，应把园艺工作安排在上午或傍晚凉爽的时间进行。进庭院时注意防蚊、防晒、补水，防止中暑。8月气温将继续升高，园艺工作也会愈发辛苦。为了减少出入庭院的次数，我们可以在本月采取各种应对酷暑的措施，比如把盆栽植物转移至背阴处，或者做好护根工作以防土壤干燥。当自家庭院中的植物进入盛花期后，我们也就无暇去其他庭院参观了。但目前这段时间，庭院园艺工作会变得少一点儿。外出参观其他庭院也是不错的选择。欣赏其他的庭院，也能为我们的庭院打理起到参考作用。

7月的主要工作

矮牵牛的回剪

本月矮牵牛的茎变长了，植株的中心不再开花。在出梅前（梅雨期结束前），对植株进行回剪，保留底部 15~20cm 的高度。尽管不忍心剪掉正在绽放的花朵，但回剪能促进分枝，令植株再次变得旺盛，开出美丽的花朵。回剪还能够改善通风，帮助植株健康地度过夏季。

大丽花的回剪

由于夏季的大丽花容易患上白粉病，所以花后需把植株剪掉约一半的高度。出梅后再回剪，且等切口充分干燥后，用铝箔覆盖切口以防雨水渗入。

观叶植物的色彩

8 月将仍是酷暑，庭院园艺工作也将变得不方便起来。观叶植物可免去摘残花等管理工作，能帮我们减少盛夏的园艺工作，所以，不如本月就把它们种好。观叶植物也应选择能经受住阳光直射的品种，彩色叶片的混栽起来很是好看。

绣球的修剪

在夏季结束时，绣球就开始形成来年的花芽。所以，在本月下旬结束前，我们应把绣球植株剪掉约一半的高度。"安娜贝尔"于春季形成花芽，在花朵干枯前一直放任不管也没问题。

8月庭院的模样

这是一年中最热的时节。一旦连续多日气温超过 30℃，蚊子的行动也会变迟缓。进行园艺工作时一定要做好防晒，避免中暑，且千万别勉强自己。天气酷热时，盆栽植物会变得虚弱，所以当高温持续不降时，还是需要为植株充分浇水以降度。园艺工作尽量在凉爽的时间里迅速完成。如果在阳光强烈的时候浇水，水分会立即蒸发。因此，上午 8 点后就应该停止园艺工作，留在凉爽的室内观望庭院吧。对少许杂草、凌乱的草花睁一只眼闭一只眼也没关系。9 月将开始新的园艺工作，现在先制订好具体的计划，比如怎么布置庭院、该买什么东西、要拔掉哪些植物等。由于本月会长时间开空调，空调外机的风会严重影响周遭环境，所以外机的周边就不要摆放盆栽了。

8月的主要工作

浇水

天气一热，就可能出现叶螨（出现在植物上，对人没有影响）。为整棵植株喷水吧，这样也可以冲洗叶片背面。浇水需在上午 9 点前完成。参见第 144 页。

制订庭院园艺计划

这一时期，我们进出庭院的时间变少了，干脆来制订秋季的和来年的园艺计划吧。网店已经开始销售下一季的植物了，9 月园艺店也将上架各种各样的植物。我们可以一边回顾 5 月拍摄的庭院照片，一边制订计划。参见第 148 页。

留意金龟子

如果月季生长出现了问题，比如黄叶突然变多，或者在定期浇水施肥的情况下，混栽的月季依然开不出花，那可能有金龟子的幼虫在啃食根系。成虫在 5 月飞进庭院，它们产下的卵本月正好到了发育期。一旦觉得植株状态可疑，就马上翻开土壤检查一下吧。有的时候，甚至能找到 10 多只幼虫。参见第 157 页。

9月庭院的模样

由于盛夏很少打理庭院中的植物，于是庭院中的草花肆意生长，变得有点儿杂乱无章。为植物进行修剪（如疏枝、剪枯茎），把庭院整理一遍吧。乔木绣球"安娜贝尔"的花朵已经干巴巴的，并变成了绿色的。"安娜贝尔"的花朵即使干枯了，也能够保持花形，是一种热门的干花。一定要把它剪下来，用于插花。松果菊花后的样子也很独特，既可以将之留下来装饰庭院，也可以用于花艺。因高温而生长迟缓的草花，在本月重获活力，大丽花、大戟"冰霜钻石"、鼠尾草、青葙开出了美丽的花朵。高个头的大丽花可能会被大风给吹断茎，所以应用植物支架或支柱牢牢将之固定。园艺店也开始上架波斯菊等秋季花卉，用它们来打造绚烂多彩的地栽景观和混栽盆栽吧。

9月的主要工作

减株和疏枝

有的植株在盛夏期间长得格外茂盛。拔掉多余植株，或剪去几根基部的枝条（疏枝）来调整株姿吧。参见第152页。

整理枯茎

毛地黄、林荫鼠尾草、毛蕊花"南方魅力"等宿根草本植物的茎枯萎了，还有些植株基部开始冒出新叶。剪掉枯茎/老茎，让植株变得清爽起来吧。参见第155页。

清扫落叶

落叶树下开始有落叶堆积。夏季有树遮阳的草花，此时也开始

要阳光了。把落叶清理干净，好让草花多接触些阳光。参见第154页。

移栽落种苗

整理庭院时，偶尔会发现一些幼苗，它们由掉落的种子发芽而来。如果会对其他的植物造成影响，就对其进行移栽或者间苗。参见第154页。

施肥

因夏季高温而生长缓慢的植物此时恢复了活力。大致整理完庭院植物后，就给它们施肥吧。参见第150页。

要点！ 9月上旬依然有气温超过30℃的时候，所以浇水暂时和8月时一样，且园艺工作也切勿勉强。等到9月中旬气温降下来后，再开始秋季的庭院园艺工作吧。这时，园艺店里的花卉品种也丰富了起来。

买球根的话，可能就买不到心仪的品种了。不如趁早购买，然后将之保存在凉爽的地方吧。

月季的整枝和施肥

夏季，月季的枝条肆意生长，放任不管的话，将影响庭院的美观，还是修剪一下吧。正式的修剪于冬季进行，本月只需调整株姿。为了让四季开花性月季于秋季开花，此时要施肥。

检查木屑

检查月季和其他树木的基部有没有木屑。天牛在夏季产的卵此时已经孵化，幼虫正忙着啃食树干的内部。这有时从外部很难看出来，甚至只有等到树木变得干瘪时才能发现，但为时已晚。虚弱的树木有被台风吹倒的风险，因此应尽早采取措施。整理庭院时，仔细观察树木的基部吧。参见第157页。

注意胡蜂

本月劳作的蜂类变多了，且很多充满攻击性。不要穿着黑色服装进入庭院。即使蜂类靠近自己，也不要慌乱，要慢慢地离开。参见第159页。

波斯菊等的种植

园艺店开始上架一年生草本的波斯菊等秋季花卉。它们大多花色鲜艳，能让庭院瞬间艳丽起来。还可以将它们种进花坛或混栽。

购买球根

园艺店开始上架球根。据说球根要在银杏叶变黄的时候种植。虽然还有一段时间，但等到那时再

修剪前

修剪后

10月

10月庭院的模样

除了波斯菊、大丽花等，10月中旬左右还有月季在开花，它们把庭院装扮得绚丽多彩。尽管月季花量比春季时少了些，但这是秋季独有的开花形式，每年都能让我们一饱眼福。比如古老月季"雅克·卡地亚"，它在春季成簇开花，1根枝条上能开出多朵花，但秋季时1根枝条上只开1朵花，但花色和香味都更加浓郁。细细观赏每一朵鲜花，尽情感受秋日月季之美吧。落叶树换上了美丽的红装（红叶），树下的原种仙客来开出了可爱的花朵。如果开花的植栽区有落叶堆积，请记得勤清理，同时也勤打扫公共道路上的落叶。本月底就到万圣节了，我们可以考虑把庭院装扮得有趣一些。

古老月季"雅克·卡地亚"的花蕾。

10月的主要工作

购买可冬季种植的一年生草本植物

园艺店开始上架三色堇、园艺仙客来、羽衣甘蓝等植物，且12月之前新的品种会慢慢到货。买回来的苗要尽快种植。

更换混栽植物

夏季混栽的植物看起来已经极度凌乱。这一时期，可冬季种植的一年生草本品种变得丰富起来，不如把混栽盆栽换成冬季的植样吧。

混栽盆栽中结束花期的蝴蝶草。

❸ 先不摘掉育苗盆，连盆带苗一起摆在花盆中以安排布局。然后再把育苗盆摘掉，将苗种植进花盆，并在苗与苗之间填入土壤。

❹ 浇水。

万圣节的装饰

10 月 31 日是万圣节。万圣节装饰离不开南瓜。哪怕只是在庭院各处摆上南瓜，都能营造出万圣节的氛围。我们可以买到那种彩色的、形状特别的装饰南瓜。参见第 51 页。

购买月季

本月是月季大苗和盆栽苗的销售时期，园艺店会摆出许多月季苗，其中还包括那些新品种。建议新手种植大苗或盆栽苗。

大苗

通过嫁接而培育了几年的大苗被从苗圃挖出来后，一般于秋季出售。这种苗已经变得大而饱满了。

盆栽苗

盆栽苗指种在花盆里培育的大苗。苗被种在 6 号盆（直径约为 18cm）中，长得大而饱满。全年有售。

月季苗的种植

购买月季苗后，首先需进行移栽。为了方便搬运，月季苗大多种在比自身大小要小一些的花盆中。月季苗在盆中继续生长的话，很快就会根系盘结，这可能会影响其生长发育。所以买回月季苗后，我们需要立即将之地栽，或者移栽至比原盆大上约 2 圈的大号花盆中。

❶ 拔出原有的植物，更换土壤。如果用的是大花盆，可以只更换上部占整体 1/3~1/2 的土壤，但要把底部的土壤挖出来，以检查有无金龟子的幼虫。老根要去掉。

❷ 向土壤中拌入基肥。

进行地栽时，先挖一个直径和深度均为 40~50cm 的植栽坑。

園艺月历

11月

November

11月庭院的模样

本月是树木落叶、花朵和绿叶逐渐变少的时期，但三色堇和园艺仙客来等花卉依然开得鲜艳。尽管难以像春季一样满庭花开，可只要把娇艳的花卉种在醒目的位置，庭院就不会显得寂寥。挑选酒红色的三色堇或园艺仙客来混栽也别有一番情趣。尽管天气一天比一天冷，可园艺工作却能让人冒出汗来，我们可以靠叠穿衣物来应对这种情况。植物的生长也随着降温而逐渐放慢了，其根系吸水的速度也变慢了，因此要降低浇水的频率。盆内一直是潮湿状态的话，根系会腐烂。

11月的主要工作

了解三色堇的新品种

11月，三色堇的新品种和稀有品种热卖，热门品种转眼被售罄，有时店家还可能限制购买数量。新品种并非每家店都在卖，我们可以先在社交网络上了解销售店铺的信息。

球根与一年生草本植物的种植顺序

当银杏叶变黄的时候，就可以种植球根了。如果在天气很暖和的时候种植，球根可能会在土壤中受损，所以应等到气温降到一定程度时再进行种植。秋冬也是三色堇的种植期，但假如将之与球根种在同一块区域，那种植的顺序是"草花苗在前，球根在后"因为先种植球根的话，种植草花苗时可能会挖到球根，铁锹也可能伤到球根。要是还没按计划买到花苗，就等花苗买齐后再开始种植吧。即便在来年1月种植，球根也能正常生长并开出花朵（在积雪厚的地区需在降雪前种植）。

如何打造郁金香小径

沿着小径种植郁金香时，若将它们排成一条直线，容易显得生硬。要想让郁金香自然地融入风景，我们可以一边走一边把球根随意地抛在路边，再把它们种进相应落地点土壤中。有些郁金香两三朵凑在一起开放，有些则隔开了一点儿距离，这样看起来才更有氛围感。

宿根草本植物的"休养"

宿根草本植物可以在本月中旬前种植，但要是不希望植株长得太大，则可以让它们继续在育苗盆中"休养"到来年春季。比如，当您想让狭窄的空间开出许多种类的花朵时，大植株会挤占空间，这时种植幼株也不失为一种方法。等根系布满育苗盆后，再将它们种进直径相同的深盆里进行休养。小盆容易干燥，切记管理好水分。

为波斯菊摘残花

当波斯菊的残花变得醒目起来后，就从分枝处把它们剪掉吧（参见第 146 页）。波斯菊将在本月下旬死亡，所以要将之拔出来，换成三色堇等在冬季生长的一年生草本植物。

小球根的种植方法

像葡萄风信子、番红花等球根较小的植物，一棵一棵拉开距离地种植会很不起眼。不如挖一个直径为 15~20cm 的植栽坑，在里面种上 5~7 个球根，这样将来开花时才显得热闹。

种植深度约为两个球根的高度。

这是春季的郁金香小径。

把大丽花修剪至地表附近

如果没有降霜，球根可以一直埋在土壤中。但是有冰霜的话，球根就会受损，这时我们需要挖出球根，使之风干后在阴凉处一直保存到来年春季的适宜时期。为避免过度干燥，球根需要存放在木屑里。

園艺月历

12月

December

12月庭院的模样

本季能买到大量个性的三色堇品种。三色堇品种相当丰富，令冬季的盆栽也充满了乐趣。园艺仙客来虽然花朵开得很美，但花朵遇到霜雪就会凋零。当降雪的时候，就把盆栽转移到屋檐下吧。只要不接触霜雪，仙客来就能一直开花到来年春季，可观赏很长一段时间。黑铁筷子、早花型水仙、雪滴花在雪中也能开花。天气虽冷，但还是去庭院看看可爱的花朵吧。本月是为月季进行修剪、牵引的时期。这些工作需要在来年2月结束前完成。植株较多的话，最好现在就开始操作。本月天黑得很早，所以庭院园艺工作都要在白天尽快完成，且一定要做好防寒措施。如果庭院中装了霓虹灯或射灯，夜晚也能从室内观望美丽的庭院风景了。浇水要降低频率，并于较暖的白天进行。

12月的主要工作

打造混栽盆栽

冬季的地栽植物较矮小，不怎么显眼，不如用它们打造混栽盆栽，并摆在庭院中醒目的位置。有一定高度的花盆使人更容易注意到花朵。冬季植物几乎停止了生长，所以将之种植得紧凑些会显得更好看。冬季多种些暖色系的植物，这样便能从视觉上获得温暖感，参见第72~75页、第77页。

圣诞树的装饰主题是德式圣诞面包。圣诞树上装饰了肉桂和橘子。

巴园艺仙客来摆在屋檐下

尽管园艺仙客来耐寒性强，但一遇到霜雪，花朵就会彻底枯萎。所以在降雪的时候，把盆栽移到屋檐下等处吧。把园艺仙客来种

进混栽盆栽时，也需以方便移动为前提。建议使用带把手的篮子，它比陶盆更为轻巧。

月季的修剪和牵引

12 月下旬至来年 2 月上旬是为月季修剪和牵引的适宜时期。冬季的修剪是为了剪去老枝，促进植株在来年早春萌发新枝，以更新枝条。可如果此时发现月季没长新枝条，还是需要把老枝条保留下来的。向植株外侧生长的芽叫作"外芽"，我们修剪的位置就比外芽略高一点儿。这种芽长大后会开出花朵，所以修剪前先考虑好希望花朵开在什么高度。藤本月季需在修剪后进行牵引。尽量水平牵引枝条，这样能开出大量的花朵。

为铁筷子修剪老叶片

为铁筷子修剪掉老叶片，仅保留基部高度 5~6cm 的叶片。修剪老叶片是为了加强通风，令基部能照到阳光以促进萌发健康的芽。但并不用把叶片剪得一枚不剩，确保日照与通风良好即可。而且保留几枚叶片，也能让庭院的风景显得更自然。

切换成冬季的浇水模式

冬季夜间气温会骤降，本月应采用冬季的浇水模式。参见第140 页。

落叶树的修剪

落叶树的叶片掉光了，到了适合修剪的时期。为方便理解，我们将树干上长出的第一根粗枝叫作大枝或者主枝，将主枝上长出的枝条叫作亚主枝，它们都是构成树木"骨骼"的枝条。我们再将亚主枝上长出的枝条叫作侧枝。我们主要修剪的，就是这些侧枝。针对枝条错杂的部位，我们需要整根剪掉那些朝树干方向生长的枝条。影响树势的粗壮侧枝和枯枝也应一并剪掉。有时我们会因为觉得不美观，而在叶片茂密的时候修剪树木，可生长期的修剪会促进枝叶萌发，最后反而使植株变得难看，修剪还是在休眠期进行吧。常绿树的修剪主要在每年入春后进行。参见第150 页。

园艺月历

1月

January

1月庭院的模样

本月霜雪比较常见。如果地面冻结形成了霜柱，植物根系可能被霜柱带出地面，发生断裂。如果即将出现强霜雪天气，就为植株做好"护根"——为其基部表土盖上树皮堆肥、腐殖土等材料。不同种类的植物，其耐寒温度（能耐受的低温）也有所不同。了解植物的耐寒性，并采取相应的措施吧。

●耐寒温度为-10~0℃的植物：在温暖地区，这些植物可以在室外过冬。

●耐寒温度为3~5℃的植物：这些植物耐寒性稍弱，最好采取防寒措施。

●耐寒温度为8℃以上的植物：这些植物耐寒性极差，需将之转移至室内。

耐寒性强的三色堇、羽衣甘蓝等植物，基本上可以种植在庭院土壤中过冬。可园艺仙客来会因霜雪而枯萎，所以其盆栽需要转移到屋檐下等位置。

1月的主要工作

注意浇水时间

冬季浇水要注意时间和方法。避开气温低的早晨和气温逐渐下降的傍晚。特别要注意的是，傍晚浇水，晚上水可能会结冰，进而损伤根系。所以，我们应在气温上升的上午浇水。另外，冬季植物生长缓慢，几乎不怎么需要水分，因此要降低浇水的频率。等土壤表面干燥了一小段时间后再浇水。基本来说，每周浇水一两次就可以了。维持偏干燥的状态，也能略微提高植株的耐寒性。这段时期，种了球根植物和宿根草本植物的盆栽表土之上光无一物，这使我们容易忘记浇水。为避免发生这种情况，我们可以给盆栽插上植物标签，或者把三色堇等植物种在上面。1周起码浇水1次水。

为盆栽植物施肥

为盆栽植物浇水时，一同施液体肥料或固体肥料吧。参见第144页。

摘残花

为三色堇等一年生草本植物摘残花，参见第146页。对枯萎的花朵置之不理会很影响美观，所以看到残花后就马上摘掉吧。

春季开花的球根植物球根的种植

在1月种植郁金香、葡萄风信子等春季开花的球根植物的球根遇寒是这些球根植物开花的条件。种植方法参见第136页、第137页。

2月庭院的模样

在寒冷时期，为庭院带来色彩的三色堇实属珍贵。前一年种植的雪滴花或许也在白雪中开出了可爱的花朵。2月上旬，铁筷子开始冒出新叶，逐渐开出花朵，为庭院增添了几分色彩。而在有积雪的地区，虽然我们可以给小花坛等处进行除雪，但冰冻的部分只能等待其自然融化。除雪时，我们可能会不小心折断草花的顶部。所以，在冬季有寒风吹袭的地区，不如让植株在积雪中度过。只要气温不降到0℃以下，植株春季复活的可能性就很高。过了2月中旬，有些地区的最高气温将达到15℃以上，树木开始萌发新芽。月季开始长出小小的芽，所以在此之前，我们最迟都要在2月上旬完成修剪和牵引的工作。因为一旦在操作时弄掉了芽，单季开花的品种就开不了花了。

2月的主要工作

参观铁筷子展

铁筷子的季节正式到了。日本各地都会举办铁筷子的展销会，包括新品种在内，会场将汇集大量品种，不妨到场瞧一瞧吧。铁筷子中也有昂贵品种，但大多数品种都十分强健，能够多年开花，因此性价比很高。如果遇到了心仪的品种，就干脆以生日纪念、毕业纪念等理由把它买下来吧，因为回忆也能成为我们精心栽培的动力。买回来的苗不要一直种在育苗盆里，请尽早移栽。第一年，为了方便观察状态，最好把铁筷子种在花盆里。移栽时尽量避免弄散根球，把它种进比原盆大上一圈的花盆中。

月季的养护

不管是地栽月季还是盆栽月季，都要在新芽萌发前，即2月上旬，完成修剪和牵引的工作。移栽和大苗的定植需在本月底前完成。

检查介壳虫

这段时期月季植株上没有叶片，我们能很容易地找到令月季变得虚弱的介壳虫。如果枝条上出现白色斑点，那很有可能就是介壳虫。介壳虫繁殖能力强，发现后应立即用相应的药剂进行处理。

浇水要注意时间

和1月时一样，浇水应于上午完成。

日常的园艺工作

植物是有生命的，需要悉心照顾。

本章讲解的是日常的园艺工作。

每一项工作都很简单，不需要特别的技术和很大的力气，

只要坚持下去，庭院就能变得熠熠生辉。

沐浴着阳光，在草花香味的环绕下，伴随着昆虫拍打翅膀的声音，

这样的园艺时光将有益于您的身心健康。

1 观察和打扫

日常观察是最重要的庭院园艺工作。发现新芽和花蕾会令人心情愉悦，如果能在早期发现病虫害等的迹象，我们也能及时处理。另外，浇水和施肥等工作也不能错过适宜时期。当枯叶、花瓣等掉落时，我们要及时地将之清理干净。植株基部的堆积物有时是病原菌和害虫的温床，所以请勤打扫吧。

2 清除杂草

杂草要勤清理。杂草长大后，根会越扎越深，变得难以拔除。雨后土壤变松软了，杂草拔起来会容易些。神奇的是，我们栽种的植物周边有时会长出外形与之颇为相似的杂草。刚发芽的时候，我们几乎难以辨别它们，可只要每天观察，就能逐渐发现二者的区别。所以，积累经验非常重要。

3 浇水

对于地栽植物，除了刚种下时和长期无降水时，基本不需要浇水。但是，盆栽就需要定期浇水。夏季用水管浇水时，请养成先用手检查水温的习惯吧（右上图）。因为在阳光的照射下，留在管子里的水可能会变烫。为盆栽浇水的时候，用手轻轻压住植物的叶片，让水充分渗入土壤（右下图）。如果仅对着植株顶部浇水，植物的叶片会把水弹开，结果水都流到了花盆外面。植物靠根系吸水，所以应浇水至水从盆底流出，以确保土壤含有充足的水。春季到秋季时，需等到表土干燥后再浇水。而在大多植物都放缓生长的冬季，根系的吸水量变少，因此可以在表土干燥了 2~3 天后再浇水。

上图是 3 月刚种下的盆栽。时不时地施液体肥料后，5 月盆栽就成了下图中茂盛的模样。

4 施液体肥料

植物生长除了靠光合作用制造养分，也靠根从土壤中吸收养分。盆栽的土壤有限，养分会不断变少，所以我们有时需在浇水时一同施液体肥料。如此能促进植物生长，增加花量，花色也会更加鲜艳。不同肥料的施肥次数也不同，使用前请仔细阅读说明书。

5
安插支柱

较高的植物有倒伏的可能，因此需要为之安插支柱。支柱可以使用竹子等天然材质的，它们能融入景色而不会破坏庭院的氛围。支柱只是个配角，所以应安插在植物后方，且不要高于植物。较为理想的方式是根据植株高度来改变支柱的高度。

除了麻绳，能够把植物固定到支柱上的夹子使用起来也非常方便。

对于能从地表附近长出多根茎的大型植株，如果我们用一根绳子把整棵植株捆起来，看起来会不美观，也不利于通风，还很容易出现病虫害。我们可以像右图一样给植株安插2根支柱，再以8字绳结将二者捆起来，这样植株便能自然地聚拢。

支柱绳结

支柱　　　　支柱

6

摘残花

从茎的根部摘掉的残花。

"残花"指枯萎的花朵。当花瓣外缘出现卷边、花朵皱巴巴地下垂时,就把它们从花茎的根部摘掉吧。摘完残花后,整体将给人以活力又干净的印象。如果对残花放任不管,它们就会形成种子,而一年生草本植物的植株则会逐渐枯萎。勤摘残花,避免种子的形成,这样才能够延长植物开花的时间。

有残花的混栽盆栽。

摘掉残花后的混栽盆栽。

图中的是大量分枝后开出许多花朵的迷你向日葵。依次从分枝的位置剪去枯萎的花朵,便能令植株恢复美观。

如果植株是分枝后开花的,只摘掉残花的话,就会留下长长的茎,这样很影响美观。我们可以从分枝的位置剪去残花,如此既维持了美观,植株的样子又很自然。

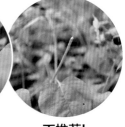

推荐!　　　　　**不推荐!**

园丁有话说

花后仍旧美丽的植物

宿根草本植物和树木即使形成了种子，植株也不会变得虚弱。松果菊（右上图）、乔木绣球"安娜贝尔"（右下图）等植物花后仍很美丽，可继续装饰庭院。

另外，有些品种的月季花后能结出红色的蔷薇果，它们能为晚秋至冬季的庭院带来鲜艳的色彩。如果想让月季结出蔷薇果，就需要保留残花。

晚秋结出的红色蔷薇果。

日常工作

7
驱虫

从 3 月上旬的"惊蛰"开始，各种各样的昆虫开始在庭院活动了。昆虫分为对植物有利的益虫，以及数量增加后会令人困扰的害虫。即便是大肆啃食植物，令叶片、花朵变得千疮百孔的害虫，只要能早发现并及时处理，就不会造成对植物严重的损害。我们可以使用药剂或用手捉虫，本书中使用的方法基本为后者。无论如何，早发现早处理非常关键，所以日常的观察必不可少。第156~159 页将详细介绍病虫害的应对措施。

附着在月季上的象鼻虫，其长度为2~3mm，园丁正在把它们赶进伞里面。

季节性园艺工作

季节性工作　　1

初夏~秋季

制订庭院
园艺计划

确定一个明确的主题（比如突出某个色系、展现故事的世界观等），会更方便我们构思庭院园艺计划。到了第二年，我们就可以一边观察盛花期的庭院一边思考，这样能更具体地知道要新加哪些植物、要拔掉的植物又是哪些等。月季和宿根草本植物的苗一般于秋季开始售卖，所以先提前制订好庭院园艺计划，再一步一步地凑齐必要植物吧。

庭院园艺讲究适宜的时期和适当的操作。遵循植物的生长规律极为重要。
本章将讲解季节性的园艺工作。
要是这些工作一不小心忘记做了，可能要等上一年才能收获相应的乐趣，所以把这些工作都记在日历或日程表上吧。
庭院时刻都在变化，每年都会带给我们新的惊喜。

建议去能为您很好地讲解植物的店。

各个季节

购物

不同种类的植物苗会在不同的时期售卖，它们在店铺上架的时间往往早于种植时间。例如，郁金香等春季开花的球根植物就算在来年 1 月种植也能够开花，但店铺往往在当年 9 月就开始上架这些郁金香的球根了。这时我们可以购买想要种植的品种，把球根保存在自己家中。一不小心忘记购买的话，等到想要种植的时候，可能会发现在哪里都买不到。特别是月季、宿根草本植物等植物的热门品种，网店都会提前一个季度开始预售，而且有时会早早就售罄了。所以，经常查看有没有自己想要的品种吧。

春·秋·冬

种植

种植时期主要在春季和秋季，但一年生草本植物、宿根草本植物、球根植物的种植顺序非常关键。郁金香等春季开花的球根植物的球根通常应在红叶季节种植，可如果随后再种植一年生草本植物和宿根草本植物，使用铁锹时可能会伤到球根，或者把球根翻出来。因此，我们要先种植来年春季开花的一年生草本植物和宿根草本植物。只要庭院没被白雪完全覆盖、土壤没有冻结，球根也可以等到来年 1 月再种植。等按计划集齐了一年生草本植物和宿根草本植物后，再依次进行种植吧。

春·入梅前·秋·冬

施肥

植物的生长离不开土壤的养分。在自然界，动植物的尸体和微生物能在自然循环中变为植物的养料。可在庭院中植物就只能靠人为定期施"肥料"了。庭院土壤中的肥料会在植物的生长过程中被消耗掉，所以每个季节都需要施肥。冬季施肥是为了满足来年春季植物萌芽；春季施肥是为了"支持"即将旺盛生长的植物；入梅前（进入梅雨期前）施肥是为了滋养大量开花后"疲惫"的草花；秋季施肥则是为了助力植物入冬前的生长。盛夏的高温会让植物生长陷入低迷状态，进而无法正常地吸收养分，因此在这一时期无须施肥。

建议撒上含活力素的土壤材料。

请按照说明书适量施肥。

早春·夏·秋·冬

树木的修剪

树木一旦长得很大，庭院中的阴影面积就会变大，逐渐妨碍草花的生长。而且，过于繁茂的枝叶容易引起病虫害，因此需要进行适当的修剪以改善通风。如果枝条杂乱，就选几根枝条，从其根部剪断。想对枝条进行短截的话，可以像左图中那样，紧挨着分枝处，在其上方修剪，这样切口就不会太显眼，修剪后枝条的样子也比较自然。修剪的时间会因树木的种类存在区别。假如搞错了修剪时间，不小心剪掉了花芽，植株就无法开花结果，所以先查清楚庭院树木适合修剪的时期吧。对于特别高大的树木，最好还是请园丁等专业人士来修剪。

例 为橄榄的枝条进行短截

打算留下的枝条

要剪掉的枝条

修剪的位置

枝条伸长后，花朵开得稀稀拉拉的改良园艺香雪球。

将剪刀纵向探入植株来修剪。要剪得错落有致。

6—9 月

回剪

那些开花时间长的植物，外形会越长越乱，花朵也会变得很稀疏。因此，等过了盛花期，我们需要为它进行一次"回剪"以调整株形。回剪即把植株剪矮。通过回剪能改善通风，令植株再次长成整齐的形状。像左图中的改良园艺香雪球，在回剪后的3~4周后会再次迎来盛花期。回剪时，若采用横向一刀切的方法会使株形显得极不自然，所以应纵向插入剪刀，错落有致地修剪。这种比较自然的造型方法，我们称之为疏枝修剪。一口气剪掉所有叶片的话，会影响植株的蒸腾作用，反而会使植株内部出现闷热的情况。

X 横向一刀切式修剪后植株的样子显得有点儿不自然。

处理前 | 减株前的庭院植物

乱七八糟

清爽整齐

9 月

减株和疏枝修剪

夏日的持续高温令庭院园艺工作无法顺利开展。等天气凉快些了再整理庭院吧。夏季长得过于茂密的植株会挡住其后的景色，杂乱的株姿看起来很是潦草。对于过于茂密的植株，光是剪短枝梢还不行，我们要在植株基部进行疏枝修剪，以减少枝条的数量。这样便能改善植株内部的通风情况，且入秋后植株也会长得更好看。另外，有些植株的大小可能会超出预期，我们可以先观察整座庭院，再拔掉自己觉得多余的植株（减株），更新换代一番。

过于茂密的撒尔维亚挡住了风景，从基部进行疏枝修剪，令植株变得紧凑一些。

152

处理后 减株后，地砖重见天日，凸显了庭院的纵深感。

园丁有话说

拔掉了种植在月季旁边的灌木亮叶忍冬"金叶（Aurea）"。这种植物可以当作混栽盆栽的配角，而进行地栽后，它就会从生长于花盆中的小株长成出人意料的大体积植株。如此会影响月季的生长，所以我们要把它拔掉。在庭院园艺工作中，试错是常有的事。正因有失败，学习才总是充满乐趣。

3—4 月和 9—10 月

移栽落种苗

由掉在地面的种子自然发芽而长成的小苗，我们称为"落种苗"。春季至初夏开花的可经自然落种繁殖的植物，其掉落的种子基本于秋季发芽。如果想把发芽后的种子种植在其他地方，就应尽量趁芽只有 5~10cm 的长度时对其进行移栽。因为有些种类的植物不喜欢"被动根"，所以将之挖出来的时候要尽量挖得深一些。然后在种植地点挖出大小合适的植栽坑，并在种完后进行浇水。如果不希望某种植物过度繁殖，我们也可以在这个时期把它们拔掉一些，控制植株数量，这样后期打理起来会比较轻松。有时候，幼苗和杂草可能难以区分，但这只能靠观察来积累经验了。时间久了，就会慢慢懂得如何区分它们了。在第 90~115 页已介绍了可以通过掉落种子来繁殖的植物。

9—10 月

清扫落叶

入秋后，庭院里落叶堆积。而在落叶树下，秋季开花的原种仙客来和掉落的种子开始冒出小芽。清理掉落叶，让它们沐浴在阳光下吧。把收集起来的落叶碾碎后，还能用作护根材料（覆盖表土的材料，有保温和保湿的作用）。

在落叶下发现了原种仙客来的芽。

这是可在初夏点缀庭院的林荫鼠尾草"卡拉多纳"。

9月中旬，林荫鼠尾草"卡拉多纳"虽然还有寥寥几根茎，但叶片正慢慢变成褐色所以可以直接将茎剪掉。

9—11月

整理枯茎

冬季，大多数的宿根草本植物和球根植物的地上部分都会枯萎，然后"消失"，但也有不少品种的茎会一直残留到11月。春季长出的茎已经变得弯弯曲曲的，绿色的叶片也变成了褐色。若一直留着这些茎不管，会令庭院显得无精打采，干脆在秋季把它们都剪掉吧。茎迟早会因为冬季的寒冷而枯萎，所以当它们看起来不美观的时候就该修剪了。

只留下已经萌发的新芽，看起来清爽又整洁。

> **要点！** 百合等球根植物，会将通过叶片的光合作用产生的养分输送给球根。为了让球根变得饱满，我们要保留叶片，一直到它们变黄为止。当叶片变黄后，就可以在植株基部修剪茎了。

庭院植物病虫害的应对措施
Trouble Rescue

庭院里聚集着各种各样的昆虫。一方面那些啃食植物的昆虫，对植物来说是不利的，因此称其为"害虫"。另一方面，庭院里也有捕食害虫的益虫。只要害虫和益虫维持平衡，庭院植物就不会出现太麻烦的状况。此外，庭院里的大多数昆虫都不咬人或蜇人，您不必担心和害怕。应对病虫害时，不用想着面面俱到，只要适当地处理就可以了。要想把损害控制在最低程度，关键在于了解清楚病虫害出现的时间和位置，并且做到及时处理。下面将介绍庭院中会出现的主要害虫（包含对人有害的）和植物疾病，以及相应的处理方法。

体长为 2~3mm，很难被发现

枯萎的受害新叶

象鼻虫

出现时期：3—10 月

位　　置：月季的新叶和花蕾

危　　害：吸食新叶和花蕾的叶液，导致其枯萎

处理方法：用手捉虫。象鼻虫小小的，体长为 2~3mm，掉在土壤上几乎看不见，所以要将手放在象鼻虫下方，令其掉落在手掌上。也可倒拿着塑料雨伞，把伞插进月季树里，然后摇晃植株，这样就能用伞一次性捉到多只象鼻虫。

叶蜂的幼虫

出现时期：4—10 月

位　　置：月季的叶片

危　　害：啃食月季的叶片

初期叶片会形成白色斑点

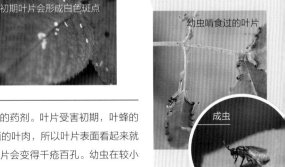

幼虫啃食过的叶片

成虫

处理方法：摘除整枚叶片，或者使用相应的药剂。叶片受害初期，叶蜂的低龄幼虫体长约为 2mm，仅啃食叶片背面的叶肉，所以叶片表面看起来就像长了白色斑点一样。而幼虫长大后，叶片会变得千疮百孔。幼虫在较小的时候一般会集中在一处，捕杀起来很有效率。长大后的幼虫会单独行动，植株的受害范围也将随之扩大。所以，最好在叶片出现斑点的时期就检查叶片背面，对幼虫进行捕杀。叶蜂成虫行动迟缓，发现后就立刻捕杀。

植株基部出现的粪便是植株受害的证据

找出虫洞，喷专用杀虫剂杀虫

天牛幼虫

出现时期： 6—11月

位　　置： 月季、槭树、果树等树木的树干内部

危　　害： 啃食树干内部，导致树木枯萎

处理方法： 使用相应的药剂。白斑星天牛的成虫一般于5—10月在树干中产卵，所以发现成虫后应立即捕杀。如果植株基部出现了粪便，这就是树木受害的证据。找出虫洞，往里面喷洒专用的杀虫剂以消灭幼虫。

成虫

金龟子

成虫

出现时期： 7月至来年4月

位　　置： 土壤中

危　　害： 啃食植物根系，令其衰弱或枯死

处理方法： 用手捉虫。根系遭啃食的植物会发出信号，其叶片会因发育不良而变黄、掉落。如果觉得可疑，就挖开土壤找一找。发现金龟子的幼虫后要立刻捕杀。为盆栽进行换土等操作时，也必须检查土壤。成虫会啃食花朵，发现后要立刻捕杀。

夜蛾

老龄幼虫

出现时期： 4—10月

位　　置： 白天在土壤里

危　　害： 啃食植物的叶片和花蕾

受害的翠雀

处理方法： 用手捉虫，或者使用相应的药剂。夜蛾种类繁多，它们身体的颜色也各不相同，而且长大后颜色会改变。夜蛾的低龄幼虫会成群聚集在叶片背面，所以一旦发现叶片出现斑点，就直接摘掉整枚叶片。长大后，幼虫白天会待在土壤里，晚上再出来啃食草花，因此又得名"夜盗虫"。

美国白蛾

出现时期：5—6月、9月

位　　置：枝叶间的蛛网状巢穴中

危　　害：啃食所有植物的叶片，包括树木、草花、草坪

处理方法：使用相应的药剂。美国白蛾可能几年才出现一次。无数幼虫聚集在网状的巢穴中，使用相应的药剂以防止它们出来，尽量将对植物的危害控制在最低程度。

百合负泥虫

出现时期：4—7月

位　　置：百合的叶片、花蕾、花朵

危　　害：啃食整株百合

处理方法：用手捉虫，或者使用相应的药剂。百合负泥虫的成虫是体长约为1cm的红褐色甲虫，颜色鲜艳。其幼虫看起来仿佛背着一坨泥土（其实是它自己的粪便）。当百合长出新叶片后，我们就需要注意观察了。百合负泥虫特别贪吃，转眼就会把植株啃食干净，所以发现后要立即捕杀。

植物黑死病

出现时期：全年

位　　置：整株铁筷子

危　　害：叶片和花朵变黑并枯萎

处理方法：植物的黑死病是病毒导致的疾病。为防止传染其他植株，我们要戴好塑料手套，尽快拔除患病植株。拔病株时戴的手套要扔掉，且工具和手指都要消毒。

黑斑病

出现时期：春季～秋季

位　　置：月季的叶片

危　　害：叶片上布满黑色的斑点，不久后叶片变黄、掉落

处理方法：黑斑病不会影响月季初夏前开花。即使叶片掉落，植株以后也会长出新叶片。但如果落叶现象严重，或希望植株秋季也开花，就要使用相应的药剂了。

白粉病

出现时期：春季～初夏、秋季

位　　置：月季和大丽花的叶片、茎

危　　害：叶片变白，植株逐渐虚弱，最严重时会枯萎

处理方法：可选择栽种有抗病性的月季品种。植株患病后使用相应的药剂。患病的大丽花则需要进行回剪。

胡蜂

出现时期：4—11 月

位　　置：草花、树木

危　　害：植物几乎不会受到伤害，但人被刺伤后有危险

处理方法：甜美的果实可能会遭到蜂类的啃食，但它们对植物几乎没有影响。蜂类能捕食许多昆虫的幼虫和成虫，所以是益虫，但它们和人类的距离太近时，人类就会有危险。它们会对黑色产生反应，因此做园艺工作时要注意衣服的颜色，与它们距离较近时千万不要慌乱，而要慢慢地远离它们。被刺后用水仔细冲洗受伤部位。被刺了好几下的话，人可能会出现过敏性休克，所以要尽快前往医院。

黄刺蛾

出现时期：6—9 月

位　　置：树木的叶片、茎

危　　害：啃食植物叶片。人被刺伤后有危险

处理方法：用工具清理掉受害枝叶。使用相应的药剂。黄刺蛾幼虫的毛有毒，人被刺后会产生如被电击般的痛感，所以要注意别碰到它们。低龄幼虫会聚集在叶片背面，把叶片啃食得只剩表皮，使得叶片表面看起来像长了斑点一样。长大后的幼虫会大肆啃食叶片，所以我们要提前做好预防工作，或在幼虫出现的早期采取措施。

庭院中的益虫与其他生物

庭院中也栖息着许多吃虫的虫子和其他生物。比如早春出现的可爱瓢虫，其成虫和幼虫都能捕食大量蚜虫。瓢虫的幼虫黑黑的，样子有点儿吓人，容易被错认成害虫，可大家千万别赶走它们。食蚜蝇也特别爱吃蚜虫。而蜘蛛除了捕食蚜虫，还会吃象鼻虫和叶蜂的幼虫，可谓是月季庭院里的贵宾。蜥蜴和青蛙也吃虫子，就把它们当作庭院植物的好伙伴，让它们安然自得地生活在院子里吧。

瓢虫

捕捉幼虫的蜘蛛

食蚜蝇

瓢虫的幼虫

蜥蜴

OSHARE NA NIWA NO BUTAI URA 365NICHI HANA AFURERU
NIWA NO GARDENING
© Garden Story 2023
First published in Japan in 2023 by KADOKAWA CORPORATION,
Tokyo. Simplified Chinese
translation rights arranged with KADOKAWA CORPORATION, Tokyo
through Shanghai To-Asia
Culture Communication Co., Ltd.

北京市版权局著作权合同登记　图字：01-2023-4745 号。

图片·执笔·编辑：
3and garden

制作：
Garden Story 编辑部
（仓重香里　鹤冈思帆
原由子　冈本晴雄
元戎明日美　高桥翠
渡边清隆）

设计：
十河岳男

校对：
竹内直美

插图：
Olga Korneeva
（Shutterstock.com）

图书在版编目（CIP）数据

365天花满庭院的园艺技巧 / 日本花园故事著；谢
鹰译. -- 北京：机械工业出版社，2025. 1. -- （养花
那点事儿）. -- ISBN 978-7-111-76836-4

Ⅰ. S688

中国国家版本馆CIP数据核字第2024QW3981号

机械工业出版社（北京市百万庄大街22号　邮政编码100037）
策划编辑：于翠翠　　　　责任编辑：于翠翠
责任校对：郑　雪　梁　静　责任印制：任维东
北京瑞禾彩色印刷有限公司印刷
2025年1月第1版第1次印刷
148mm×210mm·5印张·2页·100千字
标准书号：ISBN 978-7-111-76836-4
定价：49.80元

电话服务　　　　　　　　网络服务
客服电话：010-88361066　机 工 官 网：www.cmpbook.com
　　　　　010-88379833　机 工 官 博：weibo.com/cmp1952
　　　　　010-68326294　金 书 网：www.golden-book.com
封底无防伪标均为盗版　机工教育服务网：www.cmpedu.com